안전시스템의 과거와 미래

융합의 길

SYNESIS

Erik Hollnagel 지음

홍성현 옮김

세진사

Originally published by Routledge as Safety-II in Practice by Erik Hollnagel

Authorised translation from the English language edition published by Routledge, a member of the Taylor & Francis Group.

머리말

레질리언스 엔지니어링은 아직 나이가 많지는 않지만 성장기 어린이처럼 많이 자랐다. 생일과 태어난 장소도 있다. 지난 2004년 10월, 레질리언스 엔지니어링을 논의하기 위해 전문가들이 스웨덴 쇼더코핑(Söderköping) 마을에 모였다. 지금 이 책을 쓰고 있는 시점(2016년)에서 보면 레질리언스 엔지니어링은 12살이 된 셈이다. 구상 기간이 다소 길었다. 이 용어는 David Woods가 일련의 우주탐사 사고를 겪으면서 위험한 임무관리를 주제로 2000년 NASA에서 발표할 때 처음 사용했다(Woods, 2000). 그와 동시에 Hollnagel(2001년)이 안전을 효율성과 완전성 간의 절충–균형 또는 불균형–으로서 탐구하기 시작하였다. 이것과 또 다른 근본적인 절충이 레질리언스 엔지니어링의 이론적 토대를 제공해 주었다(Hollnagel, 2009a). 2004년 이후 레질리언스 엔지니어링 개발은 5편의 서적 뿐 아니라 수많은 컨퍼런스에서의 프레젠테이션과 논문으로도 문서화 되었다. 가장 최근에는 의료안전 분야에 레질리언스 엔지니어링을 구체적으로 적용하면서 개별분야로 발전하여, 레질리언트 헬스케어가 등장했다.

레질리언스 엔지니어링에 대한 실질적인 관심은 처음부터 두드러졌다. 이 새로운 분야를 개발하게 된 동기 중 하나는 안전분석 및 안전관리의 확립된 접근법에 대한 불만이 커지고 있었다는 것이다. 안전이란 받아들일 수 없는 위험으로부터의 자유라고 정의되어 왔기 때문에, 그런 취지로 보면 안전관리의 목적은 당연히 그 '자유'를 보장하는 것이었다. 그러나 사회–기술(Socio–technical) 시스템이 계속 커지고 다루기 어려워짐에 따라 바람직한 '자유'를 얻기는 더 어려워졌다. 레질리언스 엔지니어링은 초기시점부터 사건·사고의 예방뿐만 아니라, 예상하거나 예상치 못한 상황에서 요구되는 기능을 위해, 조직의 능력으로 정의되는 레질리언스를 확보하기 위한 것이었다. 그렇게 함으로써 레질리언스 엔지니어링은 안전관리의 새로운 해석을 제시하였다.

오늘날 안전관리의 목적을 명확하게 하는 방법으로 '안전–I'과 '안전–II'라는 용어가 도입되면서 두 시각의 차이가 강조되었다. '안전–I'의 관점은 방어적 안전에 있기 때문에 일이 어떻게 잘못되었는지에 초점을 두고 있는 반면, '안전–II'의 관점은 안전과 일이 어떻게 생산적으로 잘 되었는지에 초점을 맞추고 있다. 그리고 수용 가능한 결과에 초점을 맞추고 그에 대한 지원방법을 모색하는 것도 새롭거나 특별한 일은 아니지만, '안전–I'은 기여할 수 있는 개념이나 방법이 거의 없었다.

이 책의 목적은 안전–II를 관리하는데 사용할 수 있는 개념과 방법을 제시하는 것, 즉 위험과 손해로부터의 자유로서의 안전뿐 아니라 전체적인 조직의 기능을 개선하는 개념과 방법을 제시한다. 제1장과 제2장은 안전관리와 레질리언스 엔지니어링에 대한 간략한 소개를 한다. 제3장은 레질리언스 수행의 특성과 레질리언스 역량에 대한 개념을 소개한다. 제4장과 제5장은 레질리언스 역량에 대한 세부 사항을 설명하고 그에 대한 평가방법을 제시한다.

전체적인 레질리언스 역량이 어떻게 기능하는지 이해하는 것이 중요하기 때문에 제6장은 레질리언스 수행을 위한 기능모델을 소개한다. 이를 바탕으로 제7장은 조직의 수행을 관리하고 레질리언스 역량을 개발하기 위한 전반적인 전략의 개요를 설명한다.

끝으로, 제8장은 안전의 변화하는 양상에 대한 생각과 앞으로 나아가야 할 방향에 대한 힌트를 제시한다.

한국어판 발행을 축하하며

"Safety-Ⅱ in Practice: Developing the resilience potentials"의 한국어 번역본 서문에 간략한 소개를 하게 되어 영광으로 생각한다. 이전 책 "Safety-I and Safety-Ⅱ: 안전관리의 과거와 미래"는, 안전에 대한 전통적 견해의 단점과 이것을 어떻게 극복할 수 있는지에 대한 광범위한 토론을 시작하는데 많은 도움이 되었다. 10여년 전 레질리언스 엔지니어링이 도입되면서 이미 그 기반이 마련된 가운데, Safety-I과 Safety-Ⅱ의 수사학적 비교는 중요한 문제로 강조되었다. Safety-Ⅱ의 관점에서, 안전은 받아들일 수 없는 피해로부터의 자유라고 생각하는 것은 더 이상 충분하지 않다. 따라서 안전관리는 무엇인가 잘못될 때마다 반응하고, 원인을 찾고, 그것들을 하나씩 고쳐서 이러한 '자유'를 보장하려고 노력하는 것 이상의 것을 해야 한다.

레질리언스 엔지니어링은 초기부터 레질리언트한 수행력-예상하거나 예상할 수 없는 조건에서 필요에 따라 기능할 수 있는 조직의 능력-은 사건·사고의 예방 이상의 기능을 요구한다는 것을 언급했다. 거기에는 또한 어떻게 일을 하며 대체로 어떻게 일이 잘 되어가는지에 초점을 맞추는 것이 필요하다. Safety-Ⅱ의 목표는 위험을 제거하고 실패와 오작동을 예방하는 것 뿐 아니라, 조직의 레질리언트한 수행역량—대응, 감시, 학습, 예상—을 위해 최고의 방법을 개발하는 것이다. 이를 위해서는 Safety—I의 도구를 뛰어넘는 모델과 방법이 필요하다. 이 책은 RAG(Resilience Assessment Grid)로 불리는, Safety—II의 관리를 위한 포괄적 접근방법을 소개한다. 또한 RAG의 원리와 레질리언스 역량을 개발하기 위해서 어떻게 RAG를 사용할 수 있는지 설명한다. 이 접근방법을 이용함으로써, 안전은 방어적 이기보다 생산적으로 되며, 비용개념에서 투자개념으로 변한다.

이 책을 한국독자들에게 소개해준 홍박사에게 진심으로 감사한다. 이 책이 독자의 관심을 자극하여, 미래의 안전관리를 향한 움직임의 일부가 될 것을 기대해본다.

Erik Hollnagel

융합의 길 — SYNESIS

Safety－Ⅱ를 소개한지 상당한 시간이 흘렀으나, 그동안 의미전달이 잘못되었는지 아니면 잘못 이해했는지 혼돈됩니다만, Safety－I과 Safety－Ⅱ는 분리된 서로 다른 길이 아닙니다.

건강과 안전이 필요하지 않은 사람이 없듯이, Safety－Ⅱ 개념 또한 필요하지 않은 시스템이나 산업은 존재하지 않습니다. 각 조직에 지속적으로 요구되는 역량이 다를 뿐입니다.

Safety－I도 잘 지켜지지 않는 사회에 Safety－Ⅱ개념을 적용하기 어렵다는 판단은 그 동안 안전을 담당해온 각자의 책임과 의무에 충실하지 않았다는 부담만 늘어나게 됩니다.

Safety－Ⅱ의 관점에서 안전만이 유일한 관심사는 아닙니다. 예상하거나 예상 밖의 상황 하에서도 시스템의 지속적인 수행능력이 주안점이므로, 안전분야도 중요한 관심사중 하나입니다.

더욱 자동화, 복잡화 되어가는 오늘날의 사회－기술(Socio-technical) 사회에서, 어제의 개념과 방법을 그대로 유지하는 것은 예측 불가능한 상황만 더 커지게 됩니다.

언제 어디서든 복잡한 이해관계가 얽혀 있는 상호의존적(Interdependent)인 사회에서 안전, 생산성, 품질은 우리 모두와 직접적으로 연결되어 있는 의존적 요소입니다.

Safety－Ⅱ는 Safety－I을 기본으로 확장된 개념입니다. 더욱 안전한 사회를 위해 각 시스템의 변화에 필요한 요소를 설계하고 관리하는 융합(Synesis)의 길이 필요합니다.

번역서의 오역 또는 부적절한 단어의 선택에 대한 책임은 당연히 본인에게 있으므로 부디 각계 전문가들의 지도와 편달을 부탁드립니다.

홍 성 현

Without changing our pattern of thought, We will not be able to solve the problems we created with our current patterns of thought. _Albert Einstein

차 례

Chapter 01

안전관리 2016년

직무의 안전에 대한 제도화된 관심은 짧고 기복이 심한 역사를 갖고 있지만, 위험을 예방하려는 노력의 의미에서 보면 약 200년 전으로 거슬러 올라간다. 초기의 안전에 대한 관심은 현장에서 사람들에게 닥칠 수 있는 위험이나 부상 등에 초점이 맞춰져 있었다. 그 당시 직무의 특성을 고려하면 당시의 기술이 상대적으로 정교하지 않았으므로 이해할 만하다. 21세기에 들어서 20여 년 동안 직무의 관점에서 볼 때, 19세기 기술은 단순했고 특히 자동화 수준이 낮았다. 작업과정 또한 상대적으로 독립적이었으며 일반적으로 선형적 조립라인이었다. 이 모든 환경이 20세기 중반부터, 특히 새로운 기술과 과학, 즉 컴퓨터, 통신, 인공두뇌와 정보 이론 등의 출현으로 극적으로 변화한 것이다. 기술은 점점 강력해졌을 뿐 아니라 더 복잡해졌고 그 프로세스는 점점 통합되어 상호 의존적이 되어, 품질과 신뢰에 대한 고객의 요구가 커지고 작업 속도는 가차없이 빨라졌다. 안전은 더 이상 현장 작업자에게만 위험이 노출된 것이 아니라 고객과 무고한 시민 그리고 사회에 사용되고 있는 기술 등의 위험 또한 고려해야 했다.

많은 새로운 기술의 발전은 제2차 세계대전기간 동안 군수의 필요성과 그 후 지속된 냉전시대에 크게 좌우되었다. 산업의 안전관리시스템(SMS : Safety Management System)의 전조는 1950년대 미 공군의 탄도미사일(U.S. Air Force Ballistic Missile Division)에서 시작된 시스템 안전공학에 대한 관심이었다. 장비가 더욱 복잡해짐에 따라 기술이 의도한 대로 운영효율성의 제약 내에서 최적의 안전성을 보장할 필요가 있었다. 복잡한 기술은 소비자에게 더 나은 제품과 서비스는 물론 높은 수익성을 제공하는 방법으로 민간부문에서도 열렬히 환영받고 동일한 필요성을 발견하게 된다. 이로 인하여 많은 어려움이 있었음에도 불구하고 안전과 마찬가지로 이러한 필요성은 지금까지도 약화될 징후는 거의 보이지 않고 있다.

안전관리시스템(SMS)은 21세기 들어서면서 등장하기 시작했고 SMS의 표준은 국제민간항공기구(ICAO : International Civil Aviation Organization)에 의해 소개되어 다음과 같이 서술하고 있다.

> "안전관리시스템(SMS)은 필요한 조직의 구조, 책임, 정책과 절차를 포함한 안전 관리에 대한 체계적인 접근방식이다" (ICAO, 2006)

ICAO의 SMS 표준은 심각한 항공사고의 증가가 전형적인 동기였다. 이러한 의미에서 19세기의 모든 안전법안이나 안전개선을 위한 실질적 노력이나 계획은 다르지 않았다. 사실 ICAO의 안전관리 매뉴얼에서는 안전을 다음과 같이 서술한다.

> "…위험인식 및 위험관리의 지속적인 프로세스를 통해 인명 피해 또는 재산피해가 수용 가능한 수준이하로 감소되고, 수용 가능한 수준은 위해요소확인과 위험관리를 통해서 유지되는 상태이다."

모든 산업과 전문분야에서 안전은 위험으로부터의 자유로 간주되었고, 따라서 실패, 피해, 사고나 다른 예기치 못한 상황의 결과가 없어야 하는 것이다. 안전관리의 목적은 결과적으로 잘못되는 일, 부정적 결과의 수를 가능한 한 적게 유지하여 위해요소를 0으로 만드는 것이 가장 이상적인 것이었다. 그러나 점점 증가하는 산업과 실무자들은 오늘날 이것만으로는 충분하지 않다는 것을 깨달았다. 위해요인을 식별하고 제거하여 원치 않는 결과에 대하여 방지하고 보호하는 것만으로는 레질리언스 엔지니어링이 지적한 것처럼 고도의 사회-기술시스템에 부적합하다.

안전한 상태란 그 일들을 지원하고 용이하게 만드는 방안을 찾기 위하여 잘 되어 가고 있는 일들에도 관심을 갖는 것이다. 이것은 근무지에서 일하는 개인뿐 아니라 조직과 전반적인 안전관리 시스템에도 해당된다.

실체가 없는 것을 관리하다

안전에 대한 일반적인 접근방식의 가장 심각한 두 가지 문제점은 안전의 측정방식과 연구방식에 있다. 측정의 문제점은 측정한 것이 무엇이건, 그것이 감소하면 안전이 증가했다고 생각한다는 데에 있다. 따라서 보고된 사고(또는 다른 원치 않는 결과들)의 수가 적으면 적을수록 높은 수준의 안전을 나타낸다고 간주되고 있다.

안전관리의 목적은 부정적 결과를 줄이거나 제거함으로써 '위험으로부터의 자유' 상태를 지속적으로 달성하는 것이다. 그러나 측정할 것이 있다면 SMS가 얼마나 작동을 잘하고 있는지만 알 수 있다. 따라서 일이 잘 진행될수록 개선할 수 있는 방법에 대한 SMS의 정보는 적어진다. 이는 잘 알려진 규제역설에 해당하며 피드백이 없어서 궁극적으로는 제어가 어렵게 된다(Weinberg and Weinberg, 1979). 이 역설의 본질은 규제의 과제는 변동(Variation)을 제거하는 것이지만, 결국 규제가 얼마나 잘 작동하는지에 대한 정보의 궁극적인 원천은 바로 변동인 것이다. 따라서 일이 잘 진행될수록 개선방안에 대한 규제 정보는 줄어든다. 이와 같이, 안전에 대한 투자가 사고횟수 감소와 같은 측정 가능한 결과로 이어지지 않는다면 투자에 대한 효과를 얻었는지 알 수 있는 방법이 없다. 또한 사고의 수가 적은 경우에는 개선효과가 측정될 수 있다고 기대할 수 없다.

안전에 대한 연구방법의 문제는, 어떤 면에서 안전의 정의가 피해의 (상대적) 부재(제8장 참조)가 된 것으로부터 생겼다고 볼 수 있다. 이런 피해가 발생하는 상황은 안전의 부족 또는 안전의 부재로 인한 것이라고 한다. 그러므로 안전이 결여되어 있는 상황을 연구함으로써 우리가 안전에 대한 이해를 향상시키려고 하는 것은 역설적인 것이다. 따라서 안전과학은 실체가 존재하는 상황이 아니라 실체가 없는 상황에서 그 주제를 연구하려는 노력이 다른 과학 분야와는 다르다고 할 수 있다. 그래서 이 분야의 발전이 느린 것은 그리 놀라운 일은 아니다.

안전관리는 '사고율 제로(Zero vision)'를 추구해야 하며 위험수준은 현실적 최저 허용 수준(ALARP : As Low As Reasonably Practicable)으로 낮아야 한다고 널리 인식되어 있다. 사건과 사고로부터의 자유를 직감할 수는 있지만, 안전관리의 목적이 실체가 없다는 측면에서 보면 이것은 큰 의미가 없다. 실체가 없는 것을 관리하는 것은 어렵고, 측정하기도 힘들고 또 이해하기도 힘들다는 이유를 제시한다. 이런 분야가 안전분야만 있는 것은 아니라는 것에 작은 위안을 얻는다. 이러한 유형의 문제는 SPC(Statistical Process Control), 린 생산방식(Lean manufacturing)과 TQM(Total Quality Management) 분야에서도 볼 수 있다.

안전관리 : 세부사항에 집중

우리는 무엇인가를 설명하려고 할 때, 특히 어떤 면에서든 놀랍거나 예상치 못한 상황일 때, 하나 또는 획일적인 원인에 의존하여 설명하는 것을 매우 선호한다. 한 사건에 대해 여러 원인보다는 하나의 원인으로 각 문제 자체를 단독으로 고려하여 문제를 해결하고 그 다음단계로 이동하기가 편하기 때문이다.

이 접근방식의 주된 가정은 발생하는 모든 일은 부분적으로 분해할 수 있으며, 서로 다른 부분을 고려하지 않고도 해결할 수 있다는 것이다. 즉, 과거–사건이나 사고에 대한 근원분석에 의한–에 일어났거나 미래–결함수분석에 의한–에 일어날 수 있는 문제와는 관계가 없다는 것이다. 사고조사와 같은 사후 반응적인 경우, 잠재적이거나 가능한 원인을 그 자체로 여기는 원리이므로, (최소한) 원인이 있는 만큼의 해결책이나 다음단계로 이어진다. 그 좋은 예가 수혈의 피해를 줄이는 방법에 대한 호주의 연구(VMIA, 2010)에서 볼 수 있다. 이 연구는 다음과 같이 40건의 권장사항을 만들고 종료되었다 : 환경(3건), 직원(9건), 장비(12건), 환자(2건), 절차(6건) 및 문화(8건). 따라서 우리가 다루기 힘든 현실적인 문제들을 보기 좋게 단순화하여 놓았다.

기억장치(Snapshots)에 의한 안전관리

의도하지 않았지만 일반적으로 간과된 전통적인 안전관리의 중요성은, 조직이 어떻게 기능하는지에 대한 Snapshots 보다는 조직이 어떻게 기능하지 않는지, 즉 현재와 과거의 실패에 대한 Snapshots으로 그 기초가 만들어졌다는 것이다. 전통적인 생각은, 사건·사고가 경험을 쌓이게 하고 동일하거나 유사한 사건이 발생하지 않도록 조치를 취할 수 있는 근거를 제공한다는 것이다. 사실 안전분야에 있어서 중요한 작품 중 하나는 ≪산업재해로부터 배우기≫라는 제목의 책(Kletz, 1988)이다. 그러나 사고는 불규칙하고 드물게 발생하지만 심각한 부정적 결과를 초래한다. 따라서 사고는 조직이 기능하며 돌아가는 전형적인 것이 아니다. 그 반대로 조직이 부분적으로든 전체적으로든 실패했다는 비정상적인 상황을 나타낸다. 그러나 안전관리는 '발견과 개선(Find－and－Fix)' 접근방식에 따라 안전을 개선하기 위해 이러한 상황에 초점을 맞추어 분석한다. 농담 같지만, 비안전관리라고 부르는 것이 더 적절할 것이다.

무엇인가 잘못된 상황분석을 토대로 한 안전관리 원칙은 그림 1.1과 같이 나타낼 수 있다. 회색 곡선은 일반적으로 발생하는 다수의 프로세스 또는 행동을 나타낸다. 안전관리의 목적은 그림 1.1에 점선으로 표시된 안전수행선의 한계, 그 이하로 떨어지지 않게 하는 것이다. (다른 유형의 관리, 예를 들어 품질관리의 경우 프로세스의 변동성을 제한하고 가능한 한 평균값에 가깝게 유지하려 할 것이다.) 안전수행선의 한계는 고정되어 있지 않지만 현재의 조건에 따라 달라지므로 그림 1.1은 수평선이 아닌 물결모양의 곡선으로 표시했다. 검은색 곡선부분은 원치 않는 결과를 생산하거나 －또는 생산하는 것으로 보이는－프로세스 또는 전개를 나타낸다.

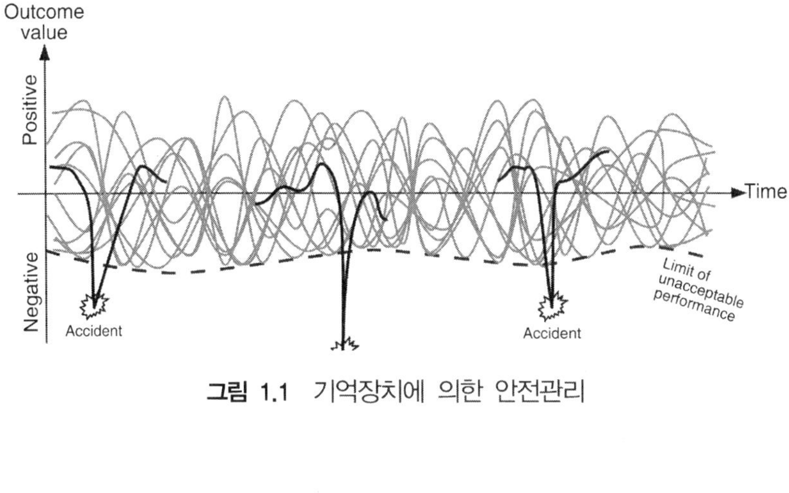

그림 1.1 기억장치에 의한 안전관리

원치 않는 결과는 조직의 기능상 허용하지 않기 때문에 자주 발생하지 않는다. 만약 자주 발생한다면 두 가지 중 하나일 것이다. 변화가 일어났거나 그 조직이 사라졌을 것이다. 원치 않는 결과가 정기적으로 발생하지는 않아도 실제로 일이 잘못되었을 때는, 놀랍고 예상치 못한 일이 될 것이다. 그러므로 '사고로부터의 학습'은 조직이 제대로 작동하지 않은 상황, 즉 불규칙한 현상에 대한 무계획적인 Snapshot을 기반으로 한다. 검은색 곡선부분은 사고 주변에서 발생한 것에만 초점을 맞추었고 장기적으로 전개된 사건은 아니다. 설상가상으로, 이러한 변형은 개별적인 '부분' 또는 실패한 구조에 대해 선형적 인과관계를 이용하여 더 자세히 설명된다. 따라서 이러한 방법은 조직의 안전관리를 위한 최선의 기준이 될 수는 없어 보인다.

일상의 수행에 의한 안전관리

부정적 결과를 초래하는 드물고 불규칙한 사고의 안전관리 기준은 검은 곡선으로 나타낸 '메커니즘'의 결과라고 가정하는 대신, 다수의 회색 곡선으로 표현한 일상의 프로세스에 집중해야 한다. 그림 1.2에서는 그래픽 렌더링이 역전되어 일상의 프로세스가 검은색으로 표시되고 사고는 회색으로 표시되었다.

연속적으로 허용될 수 있는, 즉 허용할 수 없는 한계선 위의 허용할 수 있는 결과는 허용할 수 없거나 해로운 결과와는 결정적으로 다르다. 조직을 설립하고 운영하는 일반적인 목적은 실제로 신뢰할 수 있고 지속적으로 허용 가능한 결과를 제공하는 기능을 보장

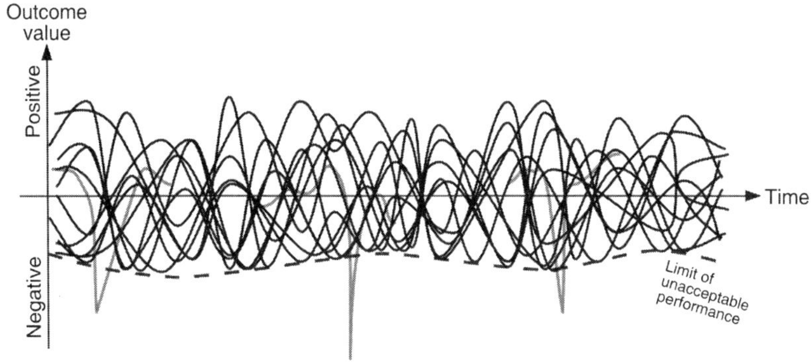

그림 1.2 일상의 수행에 의한 안전관리

하는 것이다. 그러므로 안전관리의 초점뿐만 아니라 일반적인 경영은, 예외적이거나 드문 사건이 아닌 지속적인 수행 또는 기능이 되어야 한다.

모든 분야에서 관리의 초점은 거의 일어나지 않는 일 또는 전혀 일어나지도 않는 일에 있는 것이 아니라 일반적으로 자주 일어나는 일에 있다. 현재의 접근방식에 대한 공통적인 논의는 사고가 발생했을 때 일어나는 일이며 사고가 없을 때는 '아무 일도 없다'는 것이다. 물론 평온하고 안정된 평상시에는 특별한 것이나 일상에서 벗어난 것이 없는 것이 사실이다. 특이한 일은 발생하지 않고, 자동적으로 관심을 끄는 일도 일어나지 않는다. 그러나 이렇게 아무 일도 일어나지 않는다고 해서 아무 일도 없다고 주장하는 것은 중대한 실수이다. 반대로, 놀라울 만큼 많은 일들이 일어나기는 하지만, 매일 일어나는 일이기 때문에 눈에 띄지 않는 것뿐이다. 그 일들은 규칙적이고 일상적이며 습관적이므로 결과가 예상되기 때문에 우리의 관심을 피할 수 있는 것이다. 그러나 사고가 일어나지 않는다는 의미에서 정확하게 '아무 일도' 일어나지 않을 때, 우리는 안전하다; 단위당 충분한 수의 결과물(제품)을 생산한다는 의미에서, '아무 일도' 발생하지 않을 때 생산적이다; 허용 가능한 시간과 노력의 소비로 생산할 수 있다는 의미에서, '아무 일도' 발생하지 않을 때 효율적이다; 소량의 '불량품'이 발생했다는 의미에서, '아무 일도' 발생하지 않는다면 고품질의 제품을 생산할 수 있다.

따라서 전반적인 조직의 수행관리와 특히 안전관리는 기능장애 상태의 기억장치에 있다기보다 항상 일어나는, 전형적인 일상의 프로세스에서 '아무 일도' 일어나지 않는 상태를 이해하는 것을 기반으로 한다. 안전관리는 특히 일상적인 프로세스가 가능한 한 자주 일어나거나 성공할 수 있도록 노력해야 한다. 우리는 일이 어떻게 일어나는지 알고 이해해야 하며, 그것을 측정하고 평가할 수 있어야 한다. 이것이 이 책의 내용이다.

안전-I과 안전-II(Safety-I and Safety-II)

레질리언스 엔지니어링에 대한 아이디어는 20세기 초반부터 소그룹 안전전문가로부터 안전실무자 및 학계의 광범위한 커뮤니티로 확산되기 시작했다. 그 당시 주요 동기는 '받아들일 수 없는 위험으로부터의 자유'와 유사하게 정의된 중대한 사회기술 시스템에 대한 우려였다. 레질리언스 엔지니어링의 발전은 안전에 대한 기존의 접근법이 비효율적이고, 심지어 해로울 수 있으며, 따라서 진행하는데 방해요소가 된다는 사실을 깨달으며 시행되었다(Haavik et al., 2016). 안전관리에서 모든 부정적 결과는 식별가능한 원인을 가지고 있고, 그 원인을 발견하기만 하면 제거하거나 무력화 할 수 있다는 인과관계 신조에 의한 강한 믿음을 가지고 있었다. 안전은 일반적으로 잘못되는 일이 가능한 한 적게 되는 조건으로 정의되었다. 그 정의는 안전이 잘못된 일을 방지함으로써 가능하다는, 즉 원치않는 결과나 그 결과를 유도하는 사건을 발견하고 대응함으로써 가능하다는 이해에서 비롯되었다. 오늘날 안전에 대한 이러한 이해를 안전－I이라고 부른다(Hollnagel, 2014a).

레질리언스 엔지니어링은 다른 접근방식을 취했다. 그것은 부정적인 결과는 그와 비슷한 원인 때문에 일어난다는 의미에서, 결과와 원인 사이에 가치대칭(Value symmetry)이 있다는 추정에 대한 논쟁에 의해 시작되었다. 가치대칭은 허용할 수 없는 결과는 허용할 수 없는 원인에 의한 것이라는 생각을 나타내며 그 반대의 경우도 마찬가지다. 따라서 사고는 잘못된 것, 실패, 고장 또는 오류의 결과로 간주된다. 나쁜 행동이 처벌되는 동안 좋은 행동에 대한 보상이 이루어지는 것은 우리의 도덕적 기준(Moral codex)에 해당한다. 이 경우 행동은 추정 원인인 반면, '보상'은 받아들일 수 있고 '처벌'은 받아들일 수 없는 결과이다.

이 견해는 다른 원인에 대한 가설이라고도 하는데, 이는 허용할 수 있는 결과의 원인이 허용할 수 없는 결과의 원인과는 다르다는 것을 의미한다. 허용할 수 없는 결과는 실패, 고장 또는 오류에 의해 야기되는 반면 허용 가능한 결과의 '원인'은 시스템을 올바르게 수행함으로써, 특히 올바른 인간의 수행에 의한다. 대신, 레질리언스 엔지니어링에서는 '실패는 성공의 또 다른 면'이라고 말할 수 있고, 다른 말로 정상적으로 진행되는 작업과 잘못되는 작업은 기본적으로 동일한 방식으로 발생한다는 것이다. 결과적으로 가치대칭에 대한 암시적 가설은 포기해야 했다.

가치대칭의 가정을 포기함으로써－다른 원인들에 대한 가설과 도덕적으로 동등하다고 여겨질 수 있다－무언가 잘못되어가고 있지만 매우 조용할 때 획기적인 방안(Deus ex machine)처럼 보이는 오류 메커니즘을 더 이상 들먹일 필요가 없게 된다. 따라서 무엇인가 잘못되는 것을 방지하기 위한 노력은 모든 일이 가능한 한 잘 되어가도록 보장하는 쪽으로 대체되어야 한다. 이것은 가능한 한 많은 상황이 잘되게 만드는 것으로 안전－II의 정의로 이어진다. 이런 면에서 안전은 조직의 모든 수준에서 허용할 수 있는 결과에 필요한 일상적인 행동을 지원, 보강 및 촉진하는 방법에 관한 것이 된다. 안전은 품질 및 생산성과 분리할 수 없는 것이며, 이러한 이해관계는 양립할 수 없다기보다 호환 가능한 수단과 방법을 필요로 한다는 의미이다.

해결책으로서의 안전

영어의 '안전(Safe)'은 프랑스어 Sauf에서 유래한 것으로, '~없다'는 의미로, 이 단어는 또한 온전한 또는 전체라는 뜻의 라틴어 Salvus에서 유래되었다. 이는 피해나 부상이 없는, 오늘날 안전 의미의 기초가 되었다. (예를 들어, 미국표준협회는 안전을 받아들일 수 없는 위험으로부터의 자유로 규정한다.) 따라서 안전은 사건, 사고 및 일반적으로 부정적 결과의 원인에 대한 해결책으로 규정되었다. 해결책은 피해나 부상에 대해 공통으로 합의된 원인과 관련이 있어야 하고 그 역할을 발휘할 수 있어야 한다. 이는 안전관리의 주요 경향을 살펴봄으로써 쉽게 설명할 수 있다.

해결책 #1 : 예방 및 제거

첫 번째 경향은 도미노 모델이 나타내는 단순한 선형사고에 해당한다. 이 안전 패러다임은 원인과 결과 간에 인과관계가 눈에 띄게 나타나고, 어떤 경우는 단순한 원인이 직접적인 결과를 나타내기도 하지만, 대부분의 경우에는 일련의 사건들이나 연속적인 인과관계가 있다고 제안한다. 이러한 사고방식에 따르면, 안전은 일이 잘못되거나 사고가 발생하지 못하도록 방지함으로써, 결과에 가해지는 원인을 제거하고, 위험이 현실화되는 것을 방지하거나 그 원인과 위해요소를 제거함으로써 안전은 확보할 수 있는 것이 된다. 따라서 가장 먼저 해야 할 일은 위해요소의 가능성이나 위험의 근원을 확인하는 것이고 충분한 주의가 필요한 상황인지 정의하거나 결정해야 한다. 이것이 오늘날의 안전관리를 위한 가장 보편적인 기반이며, FMEA(Failure Mode and Effects Analysis), HRA(Human Reliability Assessment) 그리고 HAZOP(Hazard and Operability Study) 등이 표준방법으로서 명시되어 있다.

해결책 #2 : 개선된 방어수단

두 번째 경향은 스위스 치즈모델로 대표되는 복합 선형사고에 해당한다. 이 안전 패러다임은 부정적 결과가 예방, 장애물 또는 방어책 등의 실패와 부정적 사태의 결합물임을 제안한다. 따라서 해결책은 장애물과 방어책을 강화하거나 다중방어 또는 심층방어를 하는 것이다. 원인이 물리적 이동이나 어떤 종류의 물리적 행위를 포함하는 한 물리적, 기능적 방어는 허용 가능한 효율성으로 사용될 수 있다. 그러나 원인이 의사결정, 선택, 우선순위 등과 관련이 있거나, 심지어 조직문화와 연관이 있다면, 장애물은 물리적이거나 기능적이기 보다는 상징적이거나 무형적이어야 하기 때문에 방어책의 이용에 약간의 문제가 된다.

때때로 구체적인 방어책을 만들기가 어렵다면, 구체적인 원인을 찾는 것은 더욱 어렵다. 그 예가 "일탈의 정상화(Normalisation of deviance)"와 같이 서서히 변화하는 드리프트(Drift) 개념이다. 그러나 조직은 '드리프트' 할 수 없다. 그 이유 중 하나는 우선 명확한 본질이 없다는 것이고, 또 다른 이유는 드리프트 할 수 있는 '기간'에 대한 합리적인 정의가 없다는 것이다. 이것은 조직의 수행력에 영향을 주거나, 추후 안전에 대한 완충장치의 부식으로 해석될 수 있는 후판단(Hindsight)으로, 작업관행상 느리고 점진적인 변화가 있다는 것을 부정하지는 않는다. 그러나 이러한 변화는 효율성과 완전성 간의 절충으로, 후자보다는 전자의 이점으로서, 점진적인 변화로 이해함이 더 나을 수 있다.

해결책 #3 : 복잡성 극복

세 번째 경향은 복잡성과 복잡시스템(Complex system)에 대한 현시대의 매력에 해당한다. 이것은 Charles Perrow(1984)가 정상사고의 개념을 도입한 1980년대 초반부터 점진적으로 발전해 왔으며 일부 시스템은 긴밀한 결합과 비선형 관계로 특징지어지기 때문에 복잡하다고 지적한 바 있다. 만약 그 복잡성이 현대시스템의 진정한 특징이라고 우리가 받아들인다면－그 중 대부분은 대규모의 사회－기술적(Socio－technical) 시스템일 것이다. 그렇다면 해결책은 무엇인지에 대한 의문점이 남는다. 첫 번째와 두 번째 경향과 달리 세 번째 경향－복잡성－은 확실한 원인을 언급하지 않는다. 결과들은 더 이상 식별 가능한 원인의 결과가 아니라 복잡성 자체에서 발현된다. 그렇다면 해결책은 무엇일까? 복잡성 넘어서기? 시스템을 더 단순화하기 위해 복잡성 줄이기? 자동화로 나약해진 인간의 정신상태 보완하기?

해결책이 무엇인지 이해하려면, 몇 가지 다른 유형의 복잡성이 있음을 인식할 필요가 있다.

- 수학적(Mathematical) 복잡성은 간단한 분석적 또는 논리적 방법으로 이해할 수 있는 요소와 관계가 너무 많을 때 시스템이 취할 수 있는 가능한 상태의 수를 측정한 것이다.
- 실용적(Pragmatic) 복잡성은 묘사나 시스템에 많은 변수가 있다.
- 동적(Dynamic) 복잡성은 원인과 결과가 불확실한 상황을 말하며 시간이 지남에 따라 조정의 효과도 명확하지 않다.
- 존재론적(Ontological) 복잡성은, 서술된 방식과는 독립적으로 시스템의 복잡성을 언급하는 것은 불가능하기 때문에 과학적

발견은 의미가 없다.

- 인식론적(Epistemological) 복잡성은 시공간적으로 시스템을 완전히 설명하는데 필요한 매개변수의 개수로 정의될 수 있다. 인식론적 측면은 반복적으로 분해하고 해석할 수 있지만, 존재론적 측면은 그렇지 못하다.

존재론적 복잡성과 인식론적 복잡성간의 관계는 복잡성이 무엇인지를 이해하는데 기초가 된다(Pringle, 1951). 만약 진정한 존재론적 복잡성이 있다고 가정한다면, 이것은 어떤 시스템(또는 현상)이 본질적으로 복잡하다는 것이고, 그러면 그 복잡성에 대해 간단한 설명을 제공할 수 있을지의 여부를 고려해야 한다. 대답이 '예'인 경우, 품질 또는 현상으로서의 복잡성이 그 설명과는 무관하다는 것이 분명하다. 이 경우 우리는 복잡성을 설명에 의해서가 아니라 복잡성 그 자체로 이해할 수 있어야 한다. 그러나 대답이 '아니오'라면 우리는 그 복잡성을 무엇인가 묘사된 방식의 품질이라고 인정해야 하므로, 존재론적이 아니라 오히려 인식론적인 것이다. 그러므로 설명과 분리되어 독립적인 복잡성의 품질이 있다고 가정하기 위한 논리적 근거는 없다. 따라서 '복잡시스템'은 '설명이 복잡한 시스템' 또는 다루기 쉬운 것이 아닌 다루기 힘든 시스템일 뿐이다. 이 경우 복잡성이란 복잡한 설명이기 때문에 복잡성의 해결책은 분명 필요 없다.

복잡한 것과 복합적인 것의 구분은 현실적으로 중요하다. 현실적인 관점에서 보면, 만약 시스템을 설명하는데 있어 많은 용어나

매개변수가 필요하다면, 또한 하나의 변화가 다른 많은 부분에 큰 영향을 준다면, 그 시스템은 복합적이라고 할 수 있을 것이다. 같은 방법으로, 매개변수 중 일부가 알려지지 않았거나 알 수 없는 경우, 그래서 사실상 매개변수를 측정하거나 제어할 수 없을 때 시스템은 복잡하다고 할 수 있을 것이다. 복잡시스템의 경우 해결책은 모든 매개변수가 알려져 있는지 확인하고 가능한 경우 매개변수의 분리를 시도한다. 만약 이것이 달성된다면, 시스템은 더 이상 복잡하다기 보다는 (어떤 경우에도 인식론적 범주이므로) '단순히' 복합적이거나 불명확하게 된다.

복잡시스템에서 복합적 시스템으로의 변환은 기술시스템(자동차, 정유소, 철도망 등)에서는 가능할 수 있지만, 이 해결책을 사회-기술시스템이나 조직에는 사용할 수 없다. 어떠한 대규모 사회시스템에서도 항상 알려지지 않은 결합이 있을 것이다. 단순한 이유는 이러한 시스템이 초기 기반을 바탕으로 설계되지는 않았지만 초기 기반을 근거로 발전 또는 성장했다는 것이다. 성장은 부분적으로 자율적(그리고 목적론적)이기 때문에 자세히 서술하는 것은 불가하다.

복잡성에 대한 진정한 해결책은 그것이 존재론적이라기보다는 인식론적이라는 것을 깨닫는 데 있다. 복잡성은 우리가 만드는 변화의 결과를 이해하고 서술하는 우리의 제한된 능력을 위장하는 상표로 사용되며, 우리가 살고 행동하는 조건을 형성한다.

하지만 우리가 복잡성이 무엇인지를 인식한다면-우리의 무지와 인지적 제한을 미화하기 위해 사용하는 완곡한 어법-해결책은 간단해진다. 그것은 현실세계의 존재론적 복잡성에 반하는 것이 아니라, 존재론이 없기 때문에, 우리가 세상을 묘사해야 하는 수단을 향상시켜야 하는 것이다. 이 표현은 현재 선형 인과관계 사고의 특징이다. 복잡성은 확실히 선형 표현의 인공물로 간주될 수 있다. 그러므로 우리는 그것을 뛰어넘어 개념과 관계를 개발하고, 현재의 접근방식을 제한하는 예측불가능성과 불확실성을 표현할 수 있는 '언어'를 개발해야 한다. 인간의 정신이 그렇게 할 수 있다는 것은 수천 년에 걸쳐 결정적으로 수학(Mathematics)에 의해 입증되었다.

Chapter 02

'레질리언스'의 의미는 무엇인가?

이 책의 목적은 조직의 레질리언스 역량을 개발하고 관리하는 실용적인 방법을 제시하고－가능한 한－조직이 예측했던 상황이나 예기치 못한 상황에 부딪쳤을 때 대처할 수 있도록 하는 것이다. 레질리언스 엔지니어링에 관한 글은 처음부터 조직이 갖고 있는 것이 아닌, 조직이 수행하는 일과－어떻게 수행 하는지－관련이 있다는 것을 명확히 했다. 레질리언스는 조직자체의 특성, 조직이 갖고 있는 품질 또는 그 어떤 것보다는, 조직이 수행하는 특정한 방식－무엇을 하며 어떻게 수행하는지－을 나타낸다.

그럼에도 불구하고 레질리언스가 무엇인지, 레질리언스를 어떻게 측정하고 설계하며 관리할 수 있는지에 대한 논의를 하기 위해 많은 에너지가 소비되었고 혹은 낭비되었다고도 할 수 있다.

조직의 수행방식은 조직이 무엇을 감당할 수 있는지에 따라 다르다. 실제의 수행력은 수행 잠재력에 달려있으며, 전자는 후자의 부분집합(subset)으로써 합리적 해석이 될 수 있다. 레질리언트한 수행력은 조직의 대응역량의 실질적 상황이나 조건의 융합(Synthesis)으로 볼 수 있다; 레질리언트한 수행력은 단일요소 또는 능력의 표현과는 다르게, 불명확한 여러 요소나 역량의 조합을 나타낸다. 따라서 이 책에서도, 이러한 역량이 실제 현장에서 어떻게 개발하고 관리하는 것이 가능한지에 대한 문제이다.

개념으로서의 레질리언스 기원

'레질리언스'라는 용어는 19세기 초 영국해군에 의해 어떤 종류의 목재가 부러지지 않고 급작스럽고 극심한 하중을 견딜 수 있는지에 대한 이유를 설명하는 방법으로 사용되면서 광범위하게 받아들여졌다(Tredgold, 1818). 그래서 레질리언스는 재료의 특성 또는 품질을 나타내게 되었다. 약 150년 후 캐나다의 생태학자 크로포드 홀링(Crawford Holling, 1973)은 생태계가 레질리언스와 안정성이라는 두 가지 별개의 특성으로 묘사될 수 있다고 주장했다. 생태계에서 레질리언스라는 용어는 변화를 흡수할 수 있는 시스템의 능력을 말하며 안정성이라는 용어는 일시적인 장애가 발생한 후에도 시스템이 균형상태로 돌아갈 수 있는 능력을 나타낸다고 했다. 생태학적 레질리언스 정의는 이후 적응사이클(Adaptive cycle)의 개념도입을 통해 확장되었다(Carpenter et al., 2001). 이것은 (생태학적) 레질리언스가 세 가지 주요 특성을 갖는다는 결론을 이끌어 내었다.

- 기능을 유지하면서 시스템이 견딜 수 있는 변화의 양

- 시스템이 자체적으로 구성할 수 있는 정도
- 시스템이 학습하고 적응할 수 있는 능력을 개발할 수 있는 정도

적응과 적응사이클의 개념은 오늘날의 시스템이론 논쟁에서 중요한 역할을 하고 있으며, 복잡적응시스템(Complex Adaptive Systems)과 레질리언스 엔지니어링에서도 많이 논의되어왔다.

생태계는 변화하는 환경에서 진화하기 때문에 적응사이클이 필요하다고 주장하는 것이 합리적이다. (물론 중요한 단서는 적응률이 환경변화율보다 현저히 빨라야 한다는 것이다.) 그러나 레질리언스 엔지니어링의 초점을 구성하는 사회기술시스템에는 적응사이클이 필요하지 않다. 생태계는 판단력이 없기 때문에 목적(Intentions)이 있을 수 없고, 따라서 반응이 제한적인 것이 그 원인이다. 다른 한편으로, 사회기술시스템과 조직은 당연히 인간을 포함하기 때문에 판단력이 있다. 생태계와 비교할 때, 사회기술시스템은 일어날 수 있는 일을 염두에 둘 수 있고, 그들의 행위를 지휘하는 데 그것을 이용할 수도 또 실제 이용하기도 한다. 따라서 반복적인 적응이나 적응사이클에 덜 의존적이다. [말할 필요도 없이, 모두가 사전예방적(Proactively)으로 동일하게 잘 수행할 수는 없으며 일부는 오히려 잘못하고 있을 수 있다.] 예상(Anticipation)은 적응(Adaptation)보다 빠르고 훨씬 강력하므로 그야말로 적응사이클을 단축한다. 단점은 예상은 미래를 언급하므로 확실하지는 않다는 것이다. 그러나 이러한 위험은 과거 사례로부터 학습하고, 시간의 범위를 제한하여 역량을 개선함으로써 상쇄될 수 있다.

레질리언스의 다른 용도

생태학 이외의 분야에서 '레질리언스'란 용어는 1970년대 초 아동심리학 연구에서 스트레스 회복의 동의어로 사용되기 시작했고 일반적으로 트라우마를 견딜 수 있는 인간의 능력으로 설명하기 시작했다. 그 세기가 끝날 무렵 산업분야에서 역동적인 능력을 설명하는 것으로 채택되어 변화하는 상황에 대비한 비즈니스 모델과 전략의 이미지를 보여주는 능력으로 서술되었다. 오늘날 레질리언스에 대한 언급은 경제학, 교육학, 심리학, 사회학, 위험관리 및 네트워크 이론에서 찾을 수 있으며 다른 분야에서도 사용하고 있다.

특히 생태계에서 비즈니스 분야로의 전환은 레질리언스를 수동적인 상태에서 능동적인 특징으로 바꾸었다. 산업분야에서 레질리언스는 생존능력, 적응능력, 격변하는 환경에서 성장하고, 또 변화가 불가피한 상황 이전에 변화하는 능력으로 묘사된다(Hamel and Välikangas, 2003). 비즈니스 환경이 빠르게 변화할 수 있으므로 레질리언스는 적응 또는 적응사이클에 수동적으로 의존할 수 없고, 예상 결과에 따라서 능동적인 관리와 피드포워드(Feedforward) 제어가 필요하다. 이는 비의도적(생태적) 시스템과 의도적(사회기술적) 시스템 간의 중요한 차이점을 강조한다. 전자는 어떤 일이 생기면 그에 대응하는데 한계가 있으며 후자는 필요성이 절실히 나타나기 전에 발생할 수 있는 일을 예상하여 행동할 수 있다. 전자는 사후반응적(Reactive)이며 후자는 사후반응적인 동시에 사전예방적(Proactive)일 수 있다. 전자의 경우 레질리언스는 자연적 특성이고, 후자의 경우는 설계되거나 의도적인 특성이다.

부정적인 의미

일반적으로 레질리언스라는 용어는, 안전 분야나 다른 분야에서도 조직의 변화, 스트레스 및 혼란을 어떻게 처리하는지에 초점을 두고 있다는 의미에서 부정적인 의미를 지니고 있다. 레질리언스의 기원 또는 레질리언스 용어를 근대에 들어 초기에 물리학 및 재료과학분야에서 사용하였다는 것을 감안하면 부정적 의미도 이해할 수는 있다.

물리적 재료는 오로지 반응만이 가능하고 수동적이기 때문에, 레질리언스는 예기치 않은 상황의 잠재적 피해나, 파괴적 결과에 대한 반응과 관련하여 또는 그에 대한 반응으로 보아야 한다. 생태계에서 레질리언스에 대한 생각을 다루게 되어도 초점은 여전히 불운에 맞추어져 있다. 물리적 시스템이 정적(Static)상태에서 생태계는 동적이라고 할지라도 여전히 분별력이 없다. 무작위적 반응 요소를 포함할 수 있는, 어떤 일이 발생하였을 때만 반응을 보이고 행동하며, 어떤 식으로든 외적 힘이나 주체에 의해 부과된 것에만 행동하는 것은 여전히 사후반응적이다.

레질리언스가 산업안전 분야에 도입되었을 때(광범위한 의미에서), 레질리언스 엔지니어링에서도 마찬가지로 부정적이고 사후반응적인 의미도 함축되었다.

이 또한 제1장에서 서술한 바와 같이 안전−혹은 안전−I−은 전통적으로 역경, 위험이나 피해를 피하는데 몰두해왔기 때문에 이해하기 어렵지 않다. 역경에도 불구하고 조직을 유지하는 데 있어 부정적인 면에 초점을 맞추는 것은 매우 일반적이며, 그러므로 레질리언스는 조직의 동적인 안정성에 최소한의 영향을 주어 붕괴에 대응하고 회복할 수 있는 능력으로 간주된다.

그러나 레질리언스 엔지니어링은 동적 시스템이 아닌 사회기술적 시스템에 관한 것이다. 주어진 목적이나 목표를 달성하는데 종사하는 사람, 재료 및 행동(및 정보)을 계획적이나 의도적으로 구성하는 조직에 관한 것이다. 레질리언스를 부정적 측면만 보는 것으로는 이제 충분하지 않다는 것을 의미한다. 조직이 지속적으로 존재하려면 어떤 일이 일어났을 때만 대응하는 것이 아니라 일이 일어나기 전에 행동해야 한다. 그리고 자신만 보호하려고, 위험이 닥쳤을 때만 행동하는 것이 아니라, 생존하고 성장할 수 있는 기회가 있을 때마다 행동해야 한다는 것이다. 기회를 인식하고 대응하는 것은 개인, 사회집단(단체), 경영진 및 조직자체의 일상적인 행동에서 없어서는 안 될 부분이다. 그러한 의미에서는 생태계와 유사하며 그 또한 기회가 있을 때 성장한다. 그러나 차이점은 생태계는 기회를 찾거나 기대하지는 않는다는 것이다. 가장 중요한 것은 기회를 창출하거나 시도도 하지 않는다는 것이다. 하지만 조직은 그렇게 하며, 전략적이거나 전술적일 수 있다.

긍정적인 면 강조

위의 간단한 역사가 보여주듯이, 레질리언스에 관한 개념은 일반적으로 이분법을 인용한다 : 한편으로 레질리언스가 부재했던, 부정적 결과를 초래할 수 있는 물질적, 시스템적 혹은 상황이 있었고, 다른 한편으로는 레질리언스가 존재하고 부정적인 결과를 피할 수 있는 물질적, 시스템적 혹은 상황이 있었다. 2000년대 초 레질리언스 엔지니어링이 안전의 전통적인 관점에 대한 선택사항(또는 보완)으로 제시되었을 때도 마찬가지였다. 첫 번째 책, 「레질리언스 엔지니어링 : 개념과 규범」에서는 다음과 같이 정의하였다.

> "레질리언스의 본질은, 대부분의 경미한 사고 이후나 지속적인 스트레스 하에서도 작동을 계속할 수 있는, 동적으로 안정된 상태를 유지하거나 회복할 수 있는 조직(시스템)의 고유한 능력을 말한다." (Hollnagel, 2006).

이 정의는 두 가지 병렬구조로 역사적 맥락을 반영했다–하나는 안정된 기능, 또 다른 하나는 붕괴된 시스템이다. 그러나 이것은 위협, 위험 또는 스트레스 상황을 고려하도록 정의를 제한했다.

레질리언스 대 견고성, 레질리언스 대 취약성에 대한 논의는, 레질리언스가 단지 실패나 고장을 회피하는 것이 아니고, 결코 안정성 부족과 반대되는 것이 아니라는 것을 분명히 했다. 그 후 출간된 책 *Resilience Engineering in Practice*에서는 정의가 다음과 같이 변경되었다.

> "예상했거나 예상치 못한 상황에서 필요한 활동을 유지할 수 있도록, 변화나 방해 전후 또는 도중에 그 기능을 조정하는 시스템의 본질적인 능력이다" (Hollnagel, 2011).

이 정의에서 위험과 위협에 대한 언급은 '예상 및 예상치 못한 상황'에 대한 것으로 대체되었다. 초점 역시 '동적으로 안정된 상태를 유지하거나 회복하는 것'에서 '필요한 활동을 유지하는' 능력으로 바뀌었다. 이러한 전개의 논리적 연속성은 다음과 같은 정의로 이어진다.

> "레질리언스는 사람들이 홀로 또는 함께 어떻게 일상의 크고 작은 상황이나 조건에 따라 수행력(Performance)을 조정하면서 대처하는지에 대한 표현이다. 예상했거나 예상치 못한 조건(변화/방해/기회) 하에서 필요에 따라 기능할 수 있다면 조직의 수행은 레질리언트한 것이다."

정의의 변경은 레질리언트한 수행의 범위를 넓히는 것이다. 단지 위협과 스트레스로부터 회복하는 것이 아니라 다양한 조건하에서 필요에 따라 수행할 수 있는 능력, 그리고 방해와 기회 두 상황 모두에 적절히 대응할 수 있는 것에 관한 것이다. 속성(또는 품질)이나 'X 대 Y' 이분법에서의 레질리언스보다 레질리언트 한 수행이 레질리언스 엔지니어링의 초점이다.

기회에 대한 강조는 방어적 안전(Safety-I)에서 생산적 안전(Safety-II)으로의 변화를 위해 중요하다-궁극적으로 안전에서 레질리언스를 분리하는 것은, 과거의 무익한 논의와 고정관념이다. 레질리언스는 조직이 어떻게 안전을 유지하는지에 관한 것뿐 아니라 어떻게 수행하는지에 관한 것이다. 기회를 활용할 수 없는 조직은 위협과 방해에 대응할 수없는 조직보다 유리한 위치에 있다고 할 수는 없다—적어도 장기적으로는 그렇다.

레질리언스 엔지니어링의 목적은 조직이 일상적인 조건에서 효과적인 수행을 할 수 있게 하는 것, 즉 일상의 일을 성공적으로 하는 것이다. 기능 또는 수행을 해칠(위협과 위험) 가능성이 있고 일상적인 수행(기회)을 향상하거나 증대할 수 있는 역량 두 가지 모두를 갖고 있다면, 이것 또한 조직이 흔치 않은 상황—예상하지 못한 상황—에 대응할 수 있게 한다. 실제로 레질리언스는 비일상적 혹은 치명적 사건에만 적용되는 것이 아니라 어떤 일도 일어나지 않을 때, 예를 들어 수용 가능한 결과의 일상적인 기능수행 중일 때 오히려 더 많이 적용된다. 생태계와 비즈니스 분야에서 조직의 레질리언스는 자신의 존재—생존과 번창—를 유지할 수 있는 능력의 표현이라는 것에 동의한다. 생존 또는 존속은 그 자체가 레질리언스의 증거이기는 하지만, 동의어는 아니다.

나의 조직은 얼마나 레질리언트한가?

조직의 레질리언스가 중요한 쟁점으로 받아들여지자, 레질리언스의 수준이나 정도를 결정할 수 있는 방법에 대한 질문이 제기되었다. 안전문화 및 기타 획일적인 개념과의 비유는 거부할 수 없었다. 안전문화의 수준을 언급하는 것이 일반적 관행이었기 때문에 레질리언스의 수준이나 정도에 대한 유사한 질문을 할 수 있는 것은 당연한 일이었다. 그러나 안전문화 수준의 개념이 의미 있는 것인지를 묻는 것처럼 레질리언스 수준의 개념이 의미 있는 것인지를 묻는 것이다. 어떤 경우에도 안전문화나 레질리언스 수준의 뚜

렷한 개념은 별 의미가 없다. 안전 문화의 경우 널리 퍼진 확신을 바꾸기에는 아마도 너무 늦었지만, 레질리언스의 경우는 (바라건대) 그렇지 않다.

레질리언스에 대해 이야기하기보다, 즉 품질로서의 레질리언스는 존재하지 않는다는 논쟁을 하기보다는, 레질리언트한 수행 또는–약간 부정확하지만–조직의 레질리언스 역량(Resilience Potentials)에 대해 이야기하려 한다. 조직의 레질리언스가 없다고 해도 레질리언스 역량은 갖출 수 있고, 더 정확히 말해서 레질리언트하게 특성화한 방식으로 수행할 수 있다. 이것은 위에서 논의한 것처럼 수정된 레질리언스 정의에 잘 부합한다.

레질리언트한 수행을 위한 조직의 역량은 항상 레질리언트한 방식으로 수행한다는 의미는 아니다. 반대의 관계도 수용한다. 조직이 레질리언트한 수행을 위한 역량이 없다면 조직이 지속적으로 레질리언트한 수행을 할 수는 없다. 다시 말해 역량을 수립하고 관리하는 동안 역량 스스로 레질리언트한 수행은 보장하지 않고 역량이 부족하면–특별한 경우는 예외이지만–레질리언트한 수행을 못하게 된다.

이 서문을 포함하여, 이 책의 나머지 부분도 레질리언트한 수행을 위한 역량에 대한 것으로, 그 정의, 측정 및 관리방법 그리고 오늘날 안전관리시스템에서 검증되고 실행 가능한 대안을 제공하는 방법에 관한 것이다.

Chapter 03

레질리언트한 수행을 위한 기반

조직이란 구체적이고 공통적인 목표를 달성하기 위한 행위를 위해 구성된 사람들(조직의 구성원)의 단체이다. 조직은 각기 다른 그룹이나 구성원들에게 각각의 역할이나 기능을 배정하여 관리하고, 하나 또는 그 이상의 기준을 충족시키는 방법으로 업무를 편성하여 목표를 달성한다. 이러한 기준은 안전, 생산성, 품질, 속도, 정밀도 또는 개인의 웰빙, 성취감, 발전 등에 관한 자료가 될 수 있다. 조직의 수행을 유지하기 위해서−또는 조직 관리를 유지하지 위해서−는 행위를 조정하고, 효과적인 작업을 가능하게 하는 자원을 확보하며, 사람과 그룹간의 가능한 상충목표와 우선순위를 해결해야 한다.

조직은 같은 부류의 사람들보다는 여러 종류의 사람들이 모여 있는 곳으로, 서로 다른 역할과 책임을 지니거나 맡고 있는 곳이다. 이는 무엇보다도 조직의 한 부서가−때때로 자기 부서를 포함하여−다른 부서들의 업무를 관리할 책임을 가지고 있다는 것을 의미한다. 관리의 주된 목적은 엄밀히 말해서 관리자체를 포함하건 배제하건 간에, 조직 구성원들의 노력을 조정(Coordinate)하여, 목표와 목적이 효율적이고 효과적으로 달성되도록 하는 것이다.

설계된 작업(WAI : Work-As-Imagined)과 실행된 작업(WAD : Work-As-Done)

다른 사람들을 관리할 책임이 있는 사람에게 중요한 질문은 다른 사람들이 하는 일을 어떤 기준으로 결정하는가이다. 이것은 일을 성공적으로 수행하기 위해 사람들이 해야 할 일을 계획할 때(의도된 결과를 산출하기 위해), 실제 작업조건을 고려하여 작업수행 중 사람들이 하는 일을 관리할 때 그리고 결과를 분석할 때, 특히 결과가 받아들일 수없는 또는 예상치 못한 상황을 분석할 때 모두 중요하다. 다른 사람들이 해야 할 일에 대한 가정이나 기대는 설계된 작업(WAI)이라고 불리는 반면, 실제로 사람들이 하는 일은 실행된 작업(WAD)이라고 한다. 업무의 계획, 관리 및 분석에 있어서, 예상대로 실행되었는지 작업분석표를 항상 참조할 필요가 있다. 그림 3.1은 이러한 상황을 나타낸다.

'설계된(Imagined)'이라는 용어는 무례하거나 부정적인 의미로 사용되지는 않지만, 단순히 우리의 일에 대한 분석이 실제로 행하여진 실전작업과 완벽하게 일치하지 않음을 인정한다. 작업을 가능한 한 규칙적이고 예상 가능한 것으로 만들기 위해 업무 및 근로조건의 표준화에 많은 노력을 기울인 경우에도, 늘 수많은 오차 -대부분 작은 것이지만 몇몇은 매우 큰-가 발생한다. 실질적인

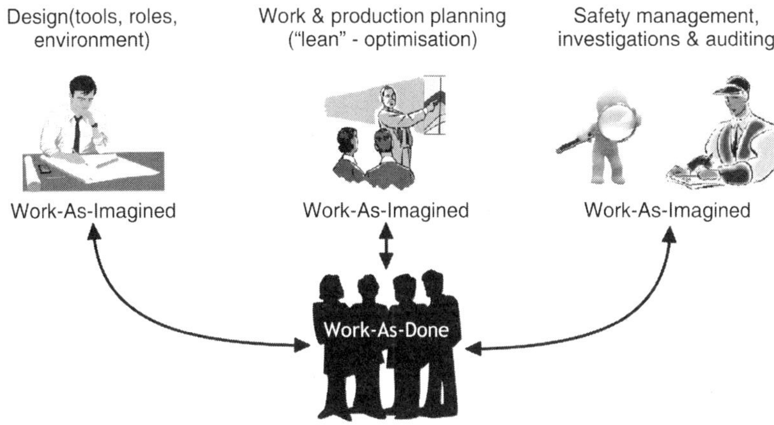

그림 3.1 설계된 작업과 실행된 작업

관리는 분명히 우리가 어떤 일이 일어날 것이라고 예상하는 일이 아닌(또는 우리가 희망하는 일이나 일어났다고 믿는 그런 일이 아닌) 실제로 일어나는 사실에 근거해야 하므로 업무관리와 한층 더 강력한 조직관리는 가능한 한 현실적이며 정확한 분석이나 표현-모델-을 기반으로 해야 한다.

따라서 효과적인 관리를 위해서는 관리자가 자신이 관리하는 사람들의 행동 방식을 정확하게 예측할 수 있어야 한다. 이것은 일대일 주종의 관계이든 소규모 조직의 관리와 같은 다자간 관계이든, 부처 또는 과, 부서, 회사나 다국적 기업과 같은 관계이든 상관없다. 또한 목적이나 목표가 안전(안전-I에서의 피해 및 부상감소), 적시납품(지연감소), 효율성(낭비감소), 품질(부정확도 또는 부주의 감소), 생산성(가동중지시간 단축, 생산단위당 비용 절감), 고객만족-또는 고객만족과 관련된 다른 모든 일에 관계없이 마찬가지이다. 그러한 예측이 무작위 추측보다 더 효율적이기 위해서는 인간이 자신이 하는 일을 왜 하는지에 대한 모델 또는 체계적－과학적－인 분석이 필요하다.

개인 또는 조직의 '메커니즘'?

최근의 행동과학자와 조직과학자와, 대대로 철학자들과 경제학자들은 무엇이 사람들이 일을 하도록 만드는지 이해할 필요성을 인식하고 있었다. 대답은 많고 다양했으며, 필연적으로 당시의 지배적 개념을 반영하였다. 철학과 경제를 제쳐 두고라도－논의를 지난 세기 즈음으로 제한하고－논쟁은 처음부터 '인간의 본성', 개인적 동기부여 또는 '메커니즘', 사람들이 그렇게 '행동(Tick)'하는 것 중 하나였지만, 후에는 주변 환경, 특히 조직의 영향을 포함한 토론까지 확대되었다.

종종 비난을 받긴하지만 유명한 논의의 예로서 20세기의 첫 10여 년에 걸쳐 F. W. Taylor가 쓴 ≪과학적 관리의 원칙≫(Taylor, 1911)을 들 수 있다. 논의의 출발점은 벽돌공, 철강공, 수동검사 등의 작업에서 생산성을 어떻게 최고로 향상시키는지에 대한 문제였다.

테일러는 직원들이 가능한 한 열심히만 일하도록 하는 것보다 작업수행방법을 최적화하는 것이 더 낫다고 주장했다. 결국 과학적 관리는 어느 정도 실행된 작업(WAD)의 이점을 소개하게 되었다. 비록 그 목적이 최상의 작업수행방법(WAI)을 처방하고 그것을 달성하려고 실행된 작업(WAD)을 바꾸기 위한 것이긴 했지만 말이다. 실행된 작업으로 바꾸는 단계는 간단했다.

- 특정 업무를 수행하고 능력과 동기부여에 따라 근로자를 업무에 부합시킬 수 있는 가장 효율적인 방법을 결정하고, 최대한 효율적으로 업무를 수행할 수 있도록 교육시킨다.
- 사람들이 가장 효율적인 작업 방법을 사용하고 태만함을 방지하기 위하여 지속적으로 수행을 감시(Monitor)한다. 이는 관리자와 근로자간 업무의 명백한 차별화와 배분을 의미한다. 사실, 과학적 관리는 이전의 관리방법보다 더 높은 관리자 대 근로자의 비율을 요구한다.

과학적 관리는 아직도 '공정한 노동에 대한 공정한 임금(A fair day's pay for a fair day's work)'이라는 생각이 지배하고 있기 때문에 사람들이 돈으로 동기부여 받는다는 것을 당연시한다. 과학적 관리는 일과 사람에 대한 공학적 관점을 나타내며, 20년 후 대중화되는 폐기물 감소에 관한 아이디어를 예고하는 것으로 볼 수 있으며 그 이후로 널리 보급되었다. 이것은 Walter Shewhart(1931)의 저서 서문에서 "산업의 목적은 인간이 원하는 것을 만족시키고 최소한의 인간노력을 필요로 하는 일상에서 가능한 모든 것을 줄이기 위한 경제적 방법을 마련하는 것이다." 라고 서술하여 품질관리의 기초를 제공하였다. 이러한 열정에도 불구하고 공학적 관점에는 그 당시에 문제가 되었을 뿐 아니라 여전히 논쟁의 여지가 남아 있다. 물론 대안은 인문학적 접근이었고, 출발점은 일보다는 사람이었다. 그 대표적인 예가 인간동기이론(A theory of Human motivation)이다(Maslow, 1943). 그 핵심 아이디어는 사람들이 자기 자신을 최대한 나타내고 싶은 욕구를 가지고 있다는 것이다. 따라서 초점은 육체노동자들보다 역할을 잘하는(Well-functioned) 개인 또는 모범적인 사람들이었다. Maslow의 아이디어는 노동자 행동에 대한 이해에 영향을 미쳤고, 자기실현에 관한 그의 아이디어는 심리적으로 건강한 경영(Eupsychian management-Maslow, 1965)의 구체적 이론을 위한 기초가 되었다.

Maslow는 사람들의 행동은 근본적인 욕구에서부터 자아실현의 필요성에 이르기까지 자신의 필요에 의해 동기부여 되거나 의욕에서 비롯됨을 언급한 바 있다. 욕구는 계층을 형성하는 것으로 묘사되었는데 일반적으로 피라미드로 표현되어, 가장 하부는 생리적 욕구, 상단에는 자아실현의 욕구로 구성되었으며, 그 사이는 안전의 욕구, 사랑과 소속감의 욕구 그리고 자존의 욕구가 있다. 이 이론에 따르면 사람은 계층구조의 더 높은 수준의 욕구를 추구하기 전에 기본적 욕구가 충족되어야 한다. 그러나 더 높은 수준의 욕구를 추구하려면 더 낮은 수준의 욕구가 계속 충족되어야 하는데, 이는 곧 사람은 동시에 다수의(Multiful) 욕구가 충족되어야 한다는 뜻이다. 결국 업무의 관리는 더 높은 수준의 욕구를 해결하기 위하여 더 낮은 수준의 욕구가 충족되었는지 확인하는 것이다. Taylor의 견해와는 달리, 사람들에게 '공정한 노동에 대한 공정한 임금'이 일에 종사하는데 필요하기는 하지만 금전적 보상이 주된 추구사항은 아니다. 사람들이 행동하는 이유는 자아실현의 욕구에 있기 때문에, 업무 관리는 이것이 가능하다는 것을 확신 시켜주어야 한다.

Taylor의 공학적 사고와 Maslow의 인본주의적 사고를 나란히 놓고, 세 번째 접근법은, 근로자 동기부여와 대조적인 모델을 대표하는 Douglas McGregor(1960)의 'X이론'과 'Y이론'이다. 'X이론'에 따르면 인간은 기본적으로 게으르고 일하기를 싫어한다. 이는 업무 달성을 위해 적극적으로 개입하는 독재적인 관리방식을 장려한다. 관리는 모든 행동을 추적하며 그 행동 결과에 따라 책임자에게 보상하거나 징계를 한다. 이러한 관리 스타일의 결점은 직원들의 역량을 제한하고 창의적인 사고를 저해한다는 것이다. 대안은 'Y이론'인데, 이 이론은 사람들이 육체적이고 정신적인 일을 즐기며 창의적인 방식으로 문제를 해결할 수 있는 능력을 가지고 있다는 주장이다. Y이론에 따르면, 관리를 규격, 규정 및 규제를 기반으로 한다면 그들의 재능은 소용이 없다. 대신 관리자는 도덕성, 창의성, 자발성, 문제해결성, 선입견 영향의 부재(또는 최소화) 및 사실의 수용을 통해 최적의 작업장을 만들어야 한다. 'X이론'과 'Y이론'의 의도는 관리자가 상정할 수 있는 인간행동의 근원에 대한 두 종류를 특정하는 것이지, 한 쪽이 다른 쪽보다 우월하다는 것을 제시하려는 것이 아니다. 'Y이론'은 사회-기술시스템에서의 현재 업무에 대한 이해를 언급했으나, 'X이론'의 흔적은 아직도 무사고 문화에 대한 믿음이나 안전-I의 관점에서도 찾아볼 수 있다.

개인적 수행(Performance)에서 문화까지

그러나 인간의 능력을 이해하려면 개인에 대한 이론 그 이상의 것이 요구된다. 사람들은 주변의 영향, 요구, 기대, 규범 및 가치-

즉, 조직에 의존한다. 인간의 본성에 대한 많은 이론에도 불구하고, 자극-반응 메커니즘(행동주의)의 인간으로부터 정보처리장치(인간 정보처리)로서의 인간에 이르기까지, 실상은 사람들이 생각하고 느끼는 방식에 의존하는 만큼 사회적 및 조직적 환경에 의존한다는 것이다. 사람들은 그들이 볼 수 있는 것, 실제로 있는 것 그리고 그들이 배운 것에는 영향을 받지 않는다. 사람들은 무엇인가 깨닫고, 관심이 있고, 기억하는 것에 영향을 받는다. 그러나 그들이 깨닫고, 주목하고, 무엇을 기억하는가는, 매우 복합적이고 때로는 상충되는 관심과 동기에 기반을 두고 있으며, 합리적 결정의 이상(Ideal)과 일치하는 경우가 드물다. 사람들이 하는 일(work)은 상황에 대한 그들의 이해, 세상사의 방법(모델, 인과관계)에 대한 사회화 된 가정(Assumptions), 그들의 시간관념, 그들의 개인적, 이타적, 상황적 압박과 같은 많은 것들에 대한 관심을 반영한다.

단일 원인(이 장의 뒷부분에 있는 획일적 설명부분 참조) 설명에 대한 일반적인 선호도와 단순화된 추론과 함께 이는 문화 또는 조직문화로 묘사되어왔다. 그 초기 표현 중 하나는 '단결심(Esprit de Corps)', 군인들의 강한 팀 정신, 의무감 및 헌신에 대한 개념이었다. 단결심은 나폴레옹의 '대군(Grande Armée)' 경보병 연대의 중요한 특성이었다. 그러나 로마군단의 군사문화에서나 초기 스파르타 군대에서조차 이와 비슷한 예는 발견할 수 있다. 심리적 측면에서, 단결심은 공통된 수준의 열망(Anspruchsniveau) 또는 수용 가능한 수행을 위한 규범(Chapman and Volkman, 1939)의 표현으로 볼 수 있다. 열망의 수준은 일반적으로 개인적 특성으로 간주되지만, 주위사람이 기대하는 바 또는 조직이 요구하는 바가 무엇인지에 따라 달라진다.

개인적 신념과 조직 환경의 신념 사이의 의존성은 Keesing (1974)의 문화이론에 대한 비판적인 인류학적 분석에서 중요한 역할을 한다. 문화는 "인간 공동체를 그들의 생태환경과 관련시키는데 기여한(사회적으로 전달된 행동) 패턴"의 시스템으로 정의한다 (p.75). 문화란 다른 말로 표현하면, 일반적이고 특정한 조건에서 어떻게 행동하고 무엇을 해야 하는지에 대한 공통의 합의를 나타낸다. 이러한 '행동패턴'은 개인의 "동료가 알고 믿고 의도하는 것에 대한 이론, 그 뒤에 따르는 코드이론..."(p.89)을 바탕으로 한다. 조직은 고유한 문화 또는 공유된 가치, 신념 그리고 구성원의 태도와 행동을 관리하는 규범의 매개체로 간주되었다.

문화에 대한 인류학적 사고와 문화에 대한 초기의 사회-심리학적 사고는 문화의 가치 또는 유용성에 초점을 맞추었지만 문화 자체를 주제로 다루지는 않았다. 조직문화 개념을 사용한 것은 1970년대 후반에 시작된 관리 및 조직연구에서 시작되어 1980년대 들어서는 일반적으로 사용되었다. 이것이 1986년 체르노빌사고에 대응하여 안전문화 개념이 제안되었을 때 상당한 후원을 받았다. HRO(High Reliability Organizations)에 대한 연구에서, 문화는 "지역적이고 분산적인 근거에 적용될 때 동종의 가정과 의사결정의 전제를 창출하고, 조화와 집중화를 보존한다. 가장 중요한 것은, 의사결정의 전제와 가정을 통해 집중화가 이루어질 때 감시 없이 규정을 준수한다"(Weick, 1987).

조직문화에 대한 오늘날의 개념은 심리학자인 Edgar Schein이 정의한 "……(a) 공유된 기본 가정의 패턴, (b) 주어진 그룹에 의해 발명, 발견 또는 개발된, (c) 외부적응과 내부통합의 문제에 대처하는 방법을 배우고, (d) 타당한 것으로 간주되기에 충분히 효과적이며, 따라서 (e) 그러한 문제점을 인식하고 생각하고 느낄 수 있도록 올바른 방법으로 새로운 구성원을 가르쳐야 한다."(Schein, 1990). Schein의 모델은 관찰자가 쉽게 볼 수 있는 특징으로 조직문화에서 3가지 분명한 단계를 제안했다. 가장 쉽게 볼 수 있는 것은 건축물, 가구, 드레스 코드 등과 같이 조직에서 실체적이고, 명백하고 식별이 가능한 요소를 포함하는 가공물이다. 가공물은 문화의 일부가 아닌 것으로 인식될 수 있다. 다음은 독자성, 공식적인 목표, 정책 및 행동규칙과 같은 계획된 가치이다.(가장 논란의 여지가 있는 예는 아마도 '안전제일'일 것이다.) 조직 구성원은 조직을 자신과 다른 사람에게 나타내기 위해 계획된 가치를 이용하고 그들이 무엇이 되고 싶은가를 표현하는데 이용하기도 한다. 마지막 단계는 공유된 기본 가정들, 즉 당연한 것으로 받아들여지는 것으로 보통 무의식(또는 무형)이며, 어떤 의미에서는 문화공동체의 본질을 구성한다. 공유된 기본 가정은 종종 조직 내보다 조직 외에서 쉽게 알 수 있다.

문화공동체와의 실질적인 일은 안전에 대한 개인의 태도뿐 아니라 공유된 태도와 공유된 합의, 조직구조와 이러한 태도를 창출하고 지원하는 자원을 포함해야 한다는 것은 분명하다. 여기서 가장 까다로운 질문은 문화의 변화가 사람들의 수행 변화로 이어질 것인지 아닌 지이다. 만약 사람들이 하는 일의 주요 결정요인이 안전문화–또는 조직문화–이며 문화는 독립변수이고 수행은 종속변수라고 생각한다면 어떨까. 그러나 반대로 사람들의 행동에 따라 문화가 영향을 받는지 그리고 문화가 주로 수행의 융합(Synthesis) 또는 추상적 개념인지도 고려할 수 있다. 이 논쟁은 제7장에 요약되어 있다.

부가물로서 문화

'문화'라는 용어는 여러 면에서 사용되기도 오용되기도 한다. 이 용어는 종종 조직의 수행에, 독점적으로 안전에 대한 것은 아니더라도 중요하다고 여겨지는 편리한 해결책을 명명하는데 쓰이지만, 완벽하게 이해되지는 않았다. 이는 예를 들어 안전 문화의 다양한 변종을 정의하는 부가물로서 '문화'가 사용되는 여러 방법으로부터 확인할 수 있다.

- 안전문화–안전이 현장에서 관리되는 방식으로, "안전과 관련하여 직원이 공유하는 태도, 신념, 인식 및 가치" 또는 단순히 "이곳의 안전을 유지하는 방식"으로 설명된다. 이것은 물론 그것이 어떤 종류의 안전인지에 대한 질문을 제기한다.
- 보고문화–조직에 위험이 될 수 있는 사건 및 사고에 대한 보고서를 작성, 수집 및 분석하려는 의지
- 공정문화–현장 실무자나 그 외의 사람들은 그들의 경험과 훈련에 상응하는 조치, 누락 또는 결정에 대해서는 처벌받지 않

지만, 중대한 과실, 고의적 위반 및 파괴행위는 용납되지 않는다는 원칙

- 학습문화 – 직원 및 조직이 지식과 역량을 개발하도록 장려하는 조직의 협약, 가치관, 관행 및 과정
- 보안문화 – 공동체 행동이 파괴되거나 방해의 목표가 되는 위험을 최소화하는 공동체의 공유된 관습

이 예들은 XX문화를 설명주제(explanandum)로 제안하는 것은 간단하지만, 그것은 단지 어떤 것에 명칭만 부여하고 제대로 설명해내지 못한다는 것을 보여준다. 이 약간 당황스러운 사실을 보완하는 한 가지 방법은 XX문화를 측정하도록 제시하는 것인데, 그게 무엇이든 측정된 것은 존재한다는 것을 '확실히' 증명하기 때문이다. 인간은 무언가를 이해하고 제어할 수 있음을 증명하기 위해 그것을 측정하려는 끝없는 욕구를 지니고 있는 듯하다. 이것은 켈빈 경의 유명한 격언 "측정을 해야 알 수 있다(To measure is to know)"는 표현을 반영한 것이다. 측정은 분명 미지의 존재에 의한 불편한 두려움을 감소시키는데 도움이 되고, 안전문화가 무엇인지 모르는 것은 (안전관리에서는 필수요소이기 때문에) 불편하다. 그러나 안전문화의 측정은 – 더 나쁜 경우, 안전문화 수준 – 안전문화를 현실로 만들지 않으며, 그 존재를 증명하지도 않는다.

단순하고 단일한 해법에 대한 선호는, 안전문화와 같이, 분명 잘못되었고 목표를 이해하지 못하고 있는 것이다. 조직문화는, 더 좋은 용어가 없으며, 의심할 여지없이 수행을 결정짓는 중요한 요소

이지만, 유일한 것은 아니다. 물론 Schein의 이론이 지적한 것처럼, 조직문화는 몇 가지 측면을 갖고 있으며, 일부는 눈에 보이고(그래서 변하기 쉽고) 또 일부는 잘 보이지도 않아 변화가 더 어렵고–불가능할 수도 있다.

레질리언스 역량(Potentials)

근본적인 의미에서 조직의 수행은 조직 구성원의 수행과 분리할 수 없다는 것은 명백한 일이다. 수행의 모든 면을 고려해야 하며, 따라서 레질리언트한 수행도 고려해야 한다. 여러 요소가 조직 및 조직 구성원의 수행을 결정한다는 것도 분명하다. 그것은 단순히 외부 조건(단순하고 협상 불가능한 기준, 시간과 동향 연구)이 아니다. 자아실현 등의 내적 또는 심리적 요인도 아니다. 그리고 인지적 요인들, 합리성에 대한 노력 또는 단순한 쾌락주의에 대한 문제도 아니다.

레질리언스 엔지니어링은 처음부터 기능적 관점을 채택하여 조직이 무엇인지를 파악하기보다 조직이 하는 일이 무엇인지를 파악했다. 안전관리와 안전문화가, 연구소 등의 어느 정도 고신뢰성조직(HRO)에, 안전–I의 관점에서 잘못된 일을 지적함으로써 그들의 존재를 정당화하는 반면, 레질리언스 엔지니어링은 조직의 수행에 중점을 두고 예상하거나 예상치 못한 상황에서도 그 기능을 수행하여 시스템의 지속적인 존재에 기여하는지 여부에 초점을 둔다. 조직은 현 기능을 유지·지탱 혹은 성장·확장(시장 확장과 같은)하거나, 새로운 방법(회사 이름과 브랜드를 유지하지만 완전히 새로운 비즈니스 영역을 차지하는 기업처럼)으로 기능할 수 있도록 변화하거나 발전하는 여러 방법으로 생존할 수 있다. 레질리언스 엔지니어링은 조직의 잘못 뿐 아니라 조직이 수행하는 모든 작업을 광범위하게 파악한다. 안전은 유일한 관심사도, 주된 관심사도 아니고 여러 관심사 중 하나일 뿐이다.

위의 XX문화 목록에는 레질리언스 문화(또는 레질리언스의 문화)에 대한 항목이 없었지만 이 용어의 사용이 증가하고 있다. 조직이 레질리언트한 방식으로 수행할 수 있는 이유를 이해하는 것은 중요하지만, 레질리언스 문화의 존재를 찾거나 가정하는 것이 해법은 아니다. 답을 찾고 싶다면 조직이 특정방식으로 수행할 수 있는 것을 보다 자세히 살펴야할 필요성이 있다. 레질리언스 엔지니어링은 4가지 역량(Potentials)이 가장 중요하다고 제안 한다. 대응, 감시, 학습 그리고 예상역량이 그것이다. 따라서 '레질리언스 문화'와 같은 용어가 타당한 의미를 갖기 위한 유일한 방법은 이러한 역량이 일상생활에 기여하는 방식을 참고하는 것이지만, 대체로 이런 용어는 피하는 것이 좋을 것이다.

막간(Interlude) : 획일적인 설명

유일하고 단순한 설명에 대한 선호는 인간이 주위에서 일어나는 일을 설명하려할 때 흔하게 나타나는 일이며, 적어도 선의의 행동이 예기치 않은 결과를 초래할 때 특히 그렇다. 그것은 정치, 윤리, 법률, 생물학, 역사, 금융, 과학 등과 산업안전 같은 모든 분야의 활동에서도 물론 찾아볼 수 있다. 후자의 경우, 안전의 개념을 기술시대, 인적요인 시대 그리고 안전관리 시대로 각기 분류하여 설득력 있게 설명한다(Hale & Hovden, 1998). 이 분류는 수많은 문제에 대한 주된 해결책으로 각 시대마다 한 가지 설명이나 원인–각각 기술적 오류, "인적오류" 그리고 안전문화–이 있다는 사실을 강조한다. 이러한 다대일(Many–to–one) 해결책은, 발생한 일에 대한 설명과 사람들과의 의사소통이 더 쉬워지기 때문에 분명 매력적이다. 많은 경우에 실용적인 가치는 제한되지만, 감정적인 가치, 마음을 편하게 하는 능력은 부인할 수 없다. 이러한 본질에 대한 설명은 단일개념 또는 단일요소에 의존하기 때문에 획일적이라고 할 수 있다. 획일적 사고가 이렇게 만연한 것은 그리 놀랍지 않다. 인간이 어떻게 사고하는지를 설명하는 데 그만한 것이 없기 때문이다. 우리는 (단일) 사고방식 혹은 (단일) 추론방식에 대해 너무 많이 이야기한다. 사실 이상적인 추론은 논리적인 사고이며, 완전히 선형적이다.

획일적인 설명은 사회적 관습을 대표하는 것으로 볼 수 있으며 따라서 본질적으로 사회적인 구성체이다. 그것은 효율성과 완전성 간 절충(ETTO; Hollnagel, 2009a)의 한 형태로 볼 수 있다. 획일적인 설명은 사용이 효율적이며 적용하기 쉽고 인지적·정신적 노력이 거의 필요하지 않다. 그러나 완전성과 정밀성이 부족하다. 획일적인 설명으로 해결할 수 있었던 것으로 보였던 상황이 사실은 그렇지 않았음을 획일적인 설명 스스로 보여주게 될 것이다. 물론, 획일적인 설명은 정보 과부하 문제에 대한 궁극적인 해결책이기도 하다(Miller, 1960). 그것은 차이의 범주를 하나로 줄여주기 때문이다.

안전 및 안전관리에 대한 일반적 접근방식은 획일적인 설명으로 충분하다. "인적오류"와 안전문화 이외에 상황인식, 복잡계 적응시스템 그리고 불행히도 레질리언스도 자주 사용되는 표본이다. 그들은 모두 직관적으로 의미있는 특성을 공유하며, 표면적 타당성에 대해서는 의문의 여지가 없다. 그들은 또한 방대한 과학문헌을 다루기 때문에 분명히 과학적 개념과 닮았으며 인상적으로 명명된 관측 불가능한 이론적 구조로 설명된다. 그러나 사실 그것은 '민속모델' 또는 '안전신화'(Dekker and Hollnagel, 2004; Besnard and Hollnagel, 2012)에서 당연한 것으로 여겨지지만 검증되지도 않았고, 검증될 수도 없다. 획일적인 설명은 일반적으로 문제에 대한 단일 해법을 제공하기 위해 자체적으로 사용된다. 상황인식 부재 또는 안전문화 결핍(또는 반대로 무엇인가 존재), 사람들로 하여금 인적 오류를 일으키게 만드는, 상황 또는 시스템이 복잡한 것과 같이 누락 또는 부재가 해결책이 될 수 있다. 앞의 어떤 경우에도 단순한 해결책은–누락된 부분을 제공하거나 존재했던 것을 제거함으로써–단순한 대응으로 이어진다.

Chapter 04

레질리언스 역량

작업관리의 목적은 의도된 빈도, 속도 그리고 신뢰성으로 허용할 수 있는 결과를 보장하는 것이다. 다른 말로 완전히 예방할 수 없다면, 허용할 수 없는 결과를 최소한으로 유지한다는 뜻이다. 이는 조직의 기능과 사람들의 업무수행 방식, 즉 실행된 작업(WAD)을 합리적으로 올바르게 이해하고 있을 경우에만 가능하다. 이해(understanding)는 바람직한 결과는 더 많아지도록, 또 바람직하지 않은 결과는 더 적어지도록 만들기 위한 노력의 필수요소이다.

제3장에서 논한 바와 같이, 인간과 조직의 수행은 수없이 많은 것들과 연관이 있기 때문에 당연히 단일요소만으로는 붕괴되지 않는다. 레질리언스는 특정 유형의 수행의 정의이며, 가장 확실한 것은 조직이 레질리언트한 수행역량을 가지고 있느냐이다. 현재의 레질리언스 정의에 따르면, 조건에 따라 수행을 조정하는 능력, 변화나 방해 그리고 기회에 대응하고 유연하고 시기적절한 방식으로 대응할 수 있는 능력이 필요하다. 더욱이 이러한 능력은 어떤 일이

일어나기 전후나 도중에도 작용한다. 이 정의에 기초하여 조직은 레질리언트한 방식으로 수행하기 위해 필요하고 충분한 여러 가지 역량을 제안할 수 있다. 레질리언트한 수행은 모든 조직은 아니더라도 대부분의 조직에서 가능하기 때문에 그 역량은 특정영역과는 독립적이어야 한다. (물론, 레질리언트한 수행은 개인에게도 적용되기는 하지만 여기서 주요 관심사는 아니다.) 레질리언스 엔지니어링은 다음 네 가지 역량이 레질리언트한 수행에 필요하다고 제안했다(Hollnagel, 2009b).

- **대응역량**

  준비된 행동을 활성화하거나, 현재 모드의 기능을 조정하거나 또는 새로운 방식을 발명하거나 창조함으로써, 무엇을 해야 하는지 인지하고, 규칙적이거나 불규칙한 변화, 장애 및 기회에 대응할 수 있는 능력

- **감시역량**

  가까운 미래에 조직의 수행에 영향을 미치거나 미칠 수 있는 것을 파악하거나 감시할 수 있는 긍정적이거나 부정적인 모든 능력[이는 실제 비행(Flight) 중이거나 한 과정의 현재 상태와 같이, 진행 중인 시간프레임 이내를 의미한다]. 감시는 조직 자체의 수행뿐 아니라 운영환경에서 일어나는 일도 포함해야 한다.

• **학습역량**

일어난 일을 아는 것 또는 경험을 통해 배울 수 있는 것, 특히 올바른 경험으로부터 올바른 교훈을 얻는 것. 여기에는 특정경험에서 나온 단일순환(Single loop) 학습과 목표나 목적을 수정하는 데 사용하는 반복순환(Double loop) 학습 모두가 포함된다. 또한 상황에 맞는 작업에 이용되는 가치나 기준을 변경하는 것도 포함된다.

• **예상역량**

잠재적 혼란, 새로운 요구 또는 제약, 새로운 기회 또는 변화하는 운영조건과 같은 미래의 전개사항을 예상하거나 예상할 수 있는 능력

네 가지 역량이 필요한 이유를 설명하는 것은 간단하다. 각각 하나씩 살펴보면, 어떤 상황이 일어났을 때 대응할 수 없다면, 단기적으로든 장기적으로든, 아마도 조직의 운명은 끝날 것이다. '무너지기에 너무 큰 조직' 조차 예외가 될 수 없다. 감시역량에 대해서도 동일한 주장이 적용된다. 진행상황을 감시하지 않는 조직의 경우 모든 상황이 예상치 못한 일이며 놀라운 상황일 것이다. 그러나 지속적으로 놀라는 것은 바람직하지도 지속가능한 조건도 아니다. 학습역량이 필요한 이유는, 그렇지 않으면 조직을 변화시키거나 개선할 가능성 없이 초기에 갖고 있던 대응력에만 국한되기 때문이다. 작업환경이 완전하게 안정적이지 않다면—장기적으로 볼 때 그런 곳은 없지만—시간이 지남에 따라 대응은 변화하고 발전되어

야 하므로 학습이 필요하다. 학습한다는 것은 잘 된 일은 강화하거나 보강하고, 잘 되지 않은 일은 변경하거나 조정해야 하는 것이다(학습이 없다면, 감시역량 역시 대응역량같이 제한될 것이다). 마지막으로, 어떤 일이 일어나지 않았더라도 조직은 가능한 잠재성에 주의를 기울여야 하기 때문에 예상역량이 필요하다. 예상역량은 사회-기술시스템이 설계되고 구축될 때와 마찬가지로 조직이 설립될 때 분명 필요하며, 향후 운영환경이 불가피하게 변하기 때문에 실제로 운영 중에도 필요하다. 평범하지 않은 사회-기술시스템의 경우, 지속적으로 발전하고 변화하는 다른 조직을 포함하는 환경때문에 더 확장해야 한다는 것이다. 간단히 말해서 조직은 대응, 감시, 학습 및 예상역량을 가지고 있지 않으면 예상치 못한 부정적인 사태와 그 결과의 희생양이 될 것이다. 대응역량이 없다면, 소극적으로 '가혹한 고난(Slings and arrows of outrageous fortune)'을 겪어야만 한다. 감시역량이 없다면 사전 경고가 없으므로 대응이 필요한 모든 상황에 당황할 것이다. 학습역량이 없다면, 항상 같은 징후와 신호만을 감시할 것이고 그 대응은 항상 같을 것이다. 끝으로, 예상역량이 없다면 조직이 하는 모든 일이 단기적인 관심과 우선사항에 의해 제약을 받게 될 것이다. 단기간은 괜찮을 수도 있지만, 앞을 예상하는 역량과 대안을 고려하거나 구상하는 역량은 경쟁력 있고 점진적인 이점이다.

대답해야 할 질문이 두 개 더 있다. 첫 번째는 여기에 언급된 네 가지 역량(대응, 감시, 학습, 예상)으로 충분한지 또는 다른 역량도 필요한지의 여부이다. 이 질문은 네 가지 역량이 자세히 기술되고 정의된 후에 이번 장의 마지막 부분에서 구체적으로 다룰 것이다. 두 번째 질문은 네 가지 역량이 서로 독립적인지의 여부이다. 이것에 대한 대답은 초기설명에 명확하게 밝혔기 때문에 아니라는 점을 분명히 한다. 네 가지 역량간 의존성은, 그 자체로 중요하기 때문에 별도의 장(제6장)에 설명되어 있다.

대응역량

어떤 일이 발생하면, 소수의 조직은−아마도 소수의 개인도−대응하지 않을 수도 있다. 발생하는 모든 상황에 대응해야 할 필요는 없을 수도 있지만, 일어나는 대부분의 일은 대응이 요구되는 단계의 상황들일 것이다. 이것은 그야말로 우리가 걷거나 차를 타고 이동할 때와 같이 세상을 살아가는 모든 일에 적용된다. 이 경우 중요한 대응의 유형은 잠재적 갈등이나 충돌을 피하고 또는 다가오는 예상치 못한 장애를 극복하거나 손쉬운 방법을(short−cut) 이용하는 것 등이다. 이것은 우리가 일하는 동안 예기치 않은 상황이 발생할 때, 위협이나 기회와 같이 잠재적으로 부정적이거나 긍정적 가치이다. 일반적으로 예상치 못한 일이 일어났을 때나 예상했던 일이 일어났을 때 대응하지 않은 결과(가치)가 대응한 결과보다 덜 매력적이다. 다음 예는 대응할 수 있는 능력의 중요성을 보여준다.

2015년 에볼라 바이러스 위기

2014년 시작되어 2015년까지 지속된 유행성 전염병인 에볼라로

인하여 11,000명이 넘는 사람들이 사망했다. 이것은 1976년 처음 에볼라 바이러스를 발견한 이래 희생자가 6배나 증가한 수치이다. 한 가지 이유는 에볼라 바이러스로 가장 큰 타격을 입은 기니, 라이베리아 및 시에라리온은 이를 감지하지 못하고, 보고 하지도 못했으며 발병에 신속하게 대응할 수도 없었기 때문이다.

그러나 상황을 더욱 악화시킨 것은 WHO의 전염병에 대한 대응의 역사가 초라하다는 사실이다. 2002년SARS에 대한 경보가 발령되었을 때도 예상하지 못했다. 2009년에는 H1N1 바이러스에 대한 경고가 제기되었고, 많은 양의 백신을 만들었지만, 불필요하게 되어 상당한 비용만 낭비했다. 세계보건기구(WHO)는 에볼라 바이러스 발병사실을 통보받고도 이를 너무 늦은 5개월 후에나 국제공공긴급 전염병으로 선포했다(Moon 외, 2015).

WHO 사무총장은 이를 뒤늦게 깨닫고 사무국이 보다 더 견고한 대응을 할 수 있었음을 공개적으로 인정했다. 그래서 사무총장은 보건 비상사태에 대한 새로운 단일 프로그램을 만드는 등 조직의 근본적인 변화를 약속했다.

Target의 포르노 사건

2015년 10월 15일, 미국 Target 슈퍼마트에서 쇼핑하던 사람들은 갑자기 스피커에서 당황스런 소리를 들었다. 안내음성 대신 포르노 영화의 노골적인 소리가 15분 동안 흘러나왔다. 이 사건은 그 때만 그런 것이 아니고, 현지 언론에 따르면 4월 이후 적어도 4번이나 일어났다고 한다.

이 사건에서는 매장 내 PA시스템의 약점이 이용되었다. 이 사건 이후 외부발신자가 실질적으로 내선 연결을 요청하여 구내방송을 장악할 수 있음을 알게 되었다. 흥미로운 점은, 상점 직원들은 대응방법을 몰랐기 때문에 이 불량한 "방송"을 막을 수 없었다.

대응역량의 특성

대응역량은 단순한 반사적 반응 문제가 아니고 실제로는 매우 복잡하다. 다음의 불충분한 설명은 대응역량의 주요 고려사항 중 일부를 보여주며, 대응역량을 어떻게 확립하고 유지할 수 있는지도 설명한다.

주요 쟁점은 대응시기와 대응방법이다. 기능으로서의 대응은, 대응을 촉발시키거나 활성화시킬 수 있는 조건이나 입력사항들이 있어야 한다. 입력사항은 상황의 변화 또는 진행 중인 활동을 방해하거나 중단시킬 수 있는 갑작스런 전개가 될 수 있다. 예를 들어 새로운 명령, 예기치 않은 요청, 방향변경(목표) 또는 윔블던 경기 중 갑작스런 비와 같이 운영조건의 변경 등이다. 입력사항들은, 감시(경고) 결과와 같은 조직의 내부변화일 수도 있다.

대응을 일으키는 촉발조건을 고려하는 것도 물론 '당연'하지만, 대응을 언제 중단하거나 끝내야 하는지의 조건을 고려하는 것도 중요하다. 의도한 결과가 효과적이기 전에 대응을 너무 일찍 끝내지 않는 것과, 지속적인 대응이 아무런 효과도 없을 때까지 계속하지 않도록 하는 것도 중요하다. 촉발신호는 대응의 외부요인이어야 하지만 중지결정 또는 정지규칙은 내부에 있어야 한다. 즉, 대응이 수행되는 방식의 일부, 예를 들어 절차의 일부일 수 있다. 이러한 의미에서, 대응은 의도된 효과를 달성했는지의 여부를 결정하는 조건이나 상황의 감시(Monitoring)를 포함한다.

대응의 주요 결과는 물론 대응 그 자체이다. 대응은 계획되고 준비된 것일 수도, 어떤 상황에서 개발된 것일 수도 있다. 일어날 수 있는 사태를 고려하거나 적절한 대응을 준비하는 것은 항상 장점이 있지만 그 또한 한계가 있다. 정기적으로 발생하는 사태나 상황의 대응준비는 효율적인 비용일 수 있다. 그러나 불규칙하거나 드물게 일어나는 사태나 상황에 대한 대응책을 현실적으로 준비할 수는 없지만 상황이 발생하면 전개하여야 한다. 이 경우 대응이 지연될 수는 있지만, 대개 경제적인 측면에서 지연은 용인될 수 있다.

대응책을 발표하기 전에, 어떤 행동을 시작하기 전에, 반드시 이행해야 할 조건이 있을 수 있다. 가령, 적절한 승인을 요청하고 받을 필요가 있다. 파이퍼 알파 화재사고가 그 슬픈 예이다. 옆 플랫폼에서 관리자에게는 기계를 멈출 수 있는 권한이 없었기 때문에 기름을 계속 펌핑했다. 이러한 정지 절차는 엄청난 비용이 소요되기 때문이다. 승인을 요청하고 받는 것은 대응 타이밍에 불리하게 영향을 미칠 수 있다. 또한 촉발조건, 경고 또는 지시(또는 허가), 설명이나 확인이 필요할 수도 있다. 항공교통관리와 같은 수많은 작업 상황에 이러한 것들이 규정되어 있고 명시되어 있다.

또 다른 필수 조건으로서 적절한 사람이 적절한 장소에 있어야 하며, 그 밖의 인원은 피해로부터 벗어나 있고, (구체적으로 고려되어야 하지만) 적절한 타이밍이 필요하다. 일반적으로 조직은 준비상태에 있거나, 대응을 시작할 수 있는 상태여야 한다. 그 좋은 예로는 대지진, 산사태 및 기타 자연재해와 같은 응급 상황에 대한 대응이다. 조건은 명백하고 알려진 대응방안일 수 있지만 장비, 구조팀, 수송과 통신 같은 조건들이 충족되기 전에는 대응을 시작할 수 없다.

대응이 시작되면 특정 자원이 필요할 수 있다. 이러한 자원은 특정의 대응과 특정 상황에 맞는 도구, 직원 및 재료 등 상세하게 일반적인 용어로 나타낼 수 있다. 유능한 직원은 분명 중요한 자원이다. 필요로 하는 능력이 없는 것보다는 하나의 도구를 다른 도구로 대체하거나 다른 재료를 임시로 사용하는 것이 더 쉽다. 그러나 물질적인 자원도 중요할 수 있다. 예를 들어, 산불의 경우 화재가 성공적으로 제어되기도 전에 사람들과 물자의 수용력(물이나 화학약품과 같은 사소한 것들을 포함하여)이 소진되는 것은 드문 일이 아니다.

대응은 일반적으로 수행하면서 관리되어야 한다. 대응은 단순하거나 긴장된 행동이나 활동이 아니며, 무엇인가 활기를 띄고 자연스레 해결하는 것이다. 대응은 대개 복합적이거나 종합적이며, 여러 다른 단계의 양상이 포함될 수 있고, 오랜 기간에 걸쳐 일어난다. 이를 관리하거나 제어하기 위하여 해야 할 일을 명시한 절차와 계획이 필요할 수 있다.

그 예로는 많은 산업 및 운송활동, 비상계획, 대피계획 등에서 볼 수 있는 비상 운영절차이다. 대응이 진행되는 동안, 비상사태 또는 예외적인 운영 중에도 조직은 어느 정도 정상적인 기능을 유지할 필요가 있다. 수용할 수 있는 기능(수행 영역)에 대한 기준은 수정될 수 있지만, 정상적인 요구는 여전히 존재하며 그것은 처리되어야 한다.

끝으로, 대응 타이밍 또한 중요하다. 너무 이르거나 너무 늦지 않게 시작하는 것이 중요하다. 너무 이르거나 너무 늦게 중지하는 것 또한 못지않게 중요하다. 첫 번째 경우에는 의도한 결과를 달성하지 못할 수 있고, 두 번째 경우에는 귀중한 자원이 낭비될 수 있다. 대응하는 타이밍이나 동기화는, 특히 특이한 상황이거나 다른 대안이 역할을 하는 경우 매우 중요할 수도 있다.

감시역량

조직이 운영환경(조직외부)에서 발생하는 상황과 조직내부(자체의 수행)에서 발생하는 상황을 모두 유연하게 감시할 수 있어야만 레질리언트한 수행이 가능하다. 감시는 위협이나 기회와 같은 조만간 일어날 수 있는 사태에 대처할 수 있는 조직의 역량을 향상시킨다.

어떤 상황이 발생하였을 때, 확실한 사태나 변화가 있을 때 대응하는 것은, 그리 어려운 일이 아니다. 적어도 상황이 발생했으므로 그에 필요한 무엇인가를 해야 한다는 것은 쉽게 알 수 있다. 그러나 상황이 발생한 후 대응하는 것은 너무 소규모이거나 너무 늦을 수도 있다. 상황이 돌이킬 수 없는 방식으로 진행될 경우, 늦은 대응은 조기 대응과는 다르게 보다 광범위하고(많은 비용과 오랜 시간 소요) 달라야 한다. 어떤 절차나 활동을 효과적으로 관리하려면 사소한 변화에도 대응하거나 반응할 수 있는 능력이 요구되고, 실제 변화라 하기에는 너무 작지만 심각한 결과를 초래할 수 있는 동향과 추세를 주목하고 인식하는 능력이 요구된다. 다시 말해, 효과적인 감시는 사전 예방적이어야 하며, 향후의 상황을 인지하고 선행지표를 활용할 수 있어야 한다.

모든 조직이 대응할 수 있는 역량이 필요하다는 것을 인식하고는 있지만, 감시는 그렇지 않다. 어떤 경우에는 감시역량이 중요하지 않다는 생각이 정당화될 수도 있다.

환경 내에 존재하는 시스템의 경우, 거의 변화가 없거나(지질학적으로 안정된 환경의 경우), 변화가 매우 일반적이어서 예상 가능한 방식으로 변화하거나 또는 변화의 결과가 너무 작아서 안전이 무시될 수 있는 경우가 그러하다(기본적으로, 시스템이 분리되거나 이완된 경우). 다음은 감시역량의 중요성을 보여주는 몇 가지 예를 들었다.

프루도만(Prudhoe Bay) 기름유출사건

2006년 3월 2일, 알래스카 프루도만(Prudhoe Bay) 서부의 BP(BPXA)가 소유한 송유관에서 누출이 발견되었다. 해결하는 데 5일이 걸렸고 212,000갤런(약 5,000배럴)의 기름이 1.9에이커나 되는 지역에 누출되었다. 기름은 직경 86cm의 송유관에 0.64cm의 구멍에서 유출되었다. 유출사고 이후 검사결과에 따르면 송유관 벽 두께가 부식으로 인해 70% 이상 감소한 것으로 나타났다.

송유관의 부식은 잘 알려진 과정이고 부식수준은 감시할 수 있다. 유사한 송유관을 생산하는 알리에스카(Alyeska) 파이프라인 회사는 다음 사항들에 대한 감시가 있었다.

- 스크래퍼 피그(Scraper pigs)는 2주마다 사용했다.
- 부식여부를 확인하는 스마트 피그(Smart pig)는 3년마다 사용했다; 검사관은 매주 비행기로 송유관의 육안검사를 실시했다.
- 자동차로는 3개월마다 육안검사를 실시했다.
- 마지막으로 매년 1,287km의 송유관을 따라 매뉴얼검사를 실시했다.

이와는 극명하게 대조적으로 BP에서 감시는 거의 이루어지지 않았다. 회사는 부식의 위험이 낮으므로 피그(pig)는 필요없다고 결정했다.

사실 송유관의 두 라인은 각각 8년과 14년 동안 피그를 사용하지 않았다. 감시는 외부 초음파 표본조사로 송유관에 붙어있는 금속 시험편을 무작위 부식검사로 대신 실시했다. 따라서 회사는 송유관의 실제 상태를 인식하지 못하고 단지 정상으로 예상했을 뿐이다.

기름유출사건에 대한 의회청문회에서 BP 알래스카 사장은 부식관리 프로그램이 적절한 것으로 믿었다고 밝혔다. "우리는 항상 송유관의 상태를 숙지하기 위해 노력하고 있습니다 …… 되돌아보면, 분명 우리가 간과한 점이 있었습니다."

인플레이션 측정을 위한 소비자 물가지수

전 세계 모든 정부의 공동목표는 자국의 경제가 탄탄하고, 특히 인플레이션이 제어될 수 있도록 하는 것이다. 인플레이션에 대한 선입견은 인플레이션이 제어 불능상태에 빠지는 사례에 의해 납득할 수 있고, 극단적인 경우 20세기에 세계가 경험한 초인플레이션(hyperinflation)을 초래할 수도 있다. 보다 현실적으로, 정부는 다양한 생활비 조정비용의 필요성을 줄이기 위해 인플레이션을 낮게 유지하려고 한다. 그렇게 하기 위해서는 인플레이션을 감시하는 것이 중요하다.

인플레이션 지표로 자주 사용되는 것 중 하나가 소비자물가지수(CPI)이다. CPI는 주기적으로 수집된 대표품목의 가격 견본을 근거로 평가한 통계이다. CPI는 단일 수치이기 때문에 편리하게 매월 정기적으로 측정하고 보고되고 있다. 그러나 몇 가지 심각한 단점이 있다. 한 가지 문제는 CPI가 음식 및 기타 소모품에서부터 자동차 및 주택과 같은 주요품목에 대한 지출에 이르기까지 다양한 품목을 혼합한다는 것이다. 이 품목 중 일부는 분명 매일 구매하고 신속하게 소비되는 반면 다른 제품은 가끔 또는 거의 구입하지 않고, 사용기간이 길다. 또 다른 문제는 CPI가 구매습관을 일정하게 가정해버리고, 어떻게 이것들이 시간에 따라 변화하는지와 어떻게 국가경제 같은 것보다 지정학적 사건들이 더 관련 높은 변동의 대상이 되는지에 대해서 고려하지 않는다는 것이다. CPI를 구성하는 다양한 항목은 다른 가중치 또는 중요도를 갖고 있다. 이러한 가중치를 결정하고, 실제 상황에 따라 자주 변경해야 하는 세부항목을 결정하는 일은 어렵고 때로는 논쟁의 여지가 있다.

마지막으로 CPI가 일반적으로 인정된 '정확한' 인플레이션의 척도라고 하더라도, 인플레이션을 가장 잘 제어할 수 있는 방법에 대한 대응이 무엇인지에 대하여 합의가 없다. 일부 국가에서는 통화정책에 의존하고, 일부는 임금과 가격제어 그리고 일부는 통화 평가절하에 의존한다.

감시역량의 특성

감시의 목적은 운영환경과 조직 자체에서 일어나는 일을 주시하는 것이다. 대다수의 조직은 자신의 존재를 유지하고, 운영환경에서 살아남기 위해 조직의 주변에서 일어나는 일을 감시한다. 이미 언급했듯이 감시에 대한 가장 단순하고도 탁월한 논의는, 감시가 없으면 모든 일들이 급작스럽게 일어난다는 것이다. 장기적으로 볼 때 조직이 지속가능하지 않을 것이며, 아마도 단기적으로 봐도 그럴 것이다. 실제로 조직은 가능한 한 일어날 수 있는 일에 대한 사전 준비를 하여야 한다. 그래서 감시가 필요하다.

운영환경을 감시하면서 조직외부에서 일어나는 일들도 분명 감시가 필요하지만 충분하지 않다. 또한 내부적으로 일어나는 일을 주시하기 위해 조직 자체의 상태도 감시해야 한다. 조직내부 상황에 대한 인식부족과, 그 상태파악과 준비성 부족은 대응역량을 저해할 것이다. 그러나 내부적인 일은 종종 무시되거나 관련이 없다고 간주된다. 매우 유명한(부정적인) 예로 Airbus사에서 A380의 배선 문제를 간과했던 일이 있다. 2006년 6월 13일, Airbus사는

A380 생산에서의 "병목 현상"이 고객납품을 7개월까지 지연시키는 원인이 되었다고 시인했다. Airbus사의 공동의장은 화요일 A380에 대한 발표를 할 때까지 생산에 문제가 있었다는 것을 전혀 알지 못했다고 했다. 6월 19일 회의에서 "경영진은 A380이 직면한 문제와 향후 이러한 문제를 방지하기 위해 어떠한 구조적 변화가 필요한지 논의를 했다"고 밝혔다. 즉, 감시도 하지 않았고, 비상계획 또는 대응 준비태세도 되어 있지 않았으며, 진지하게 배우려는 노력도 없었다.

외부 또는 내부 여부에 관계없이 감시는 지표 또는 동향을 기반으로 이루어진다. 지표(어원은 라틴어 indico "지적하다")는 신호, 표시 또는 현재의 가치, 방향성, 규모 등을 나타내는 상징이다. 동향은 시간경과에 따라 측정되는 사태의 한 과정에 대한 일반적인 경향이다. 가령 가치는 커지거나 줄어든다. 지표가 한계에 도달했는지 여부를 나타낸다면, 동향은 기본적인 전개상황이 같은 방식으로 계속될 경우 한계에 도달할 수 있거나 (가까운) 미래에 도달할 것을 나타낸다.

감시의 결과물은 구체적인 (지표의) 가치나 구체적인 동향뿐만 아니라, 그 해석이다. 이것은 경보나 경고의 형태를 취할 수 있으며, 전자는 행동에 대한 직접적인 요청이며 후자는 대응 자체가 아니라 대응 준비를 시작하는 것이다.

사회나 국가는 조직의 지속적 기능을 위해 잠재적 위협 또는 중요한 위협으로 여겨지는 전개에 따라 고도의 경고상태에 놓일 수 있다. 감시의 목적은 대응에 돌입하거나 조직이 '상시대기'에서

'운영'상태에 이르기까지 한 상태에서 다른 상태로 변화하도록 한다. 불행하지만 그 예로서 2016년에 몇몇 유럽국가 수도의 테러공격이나 Zika 바이러스의 출현과 같은 급격한 전염병의 출현을 들 수 있다.

다른 세 가지 주요 역량(대응, 학습, 예상)과 달리 감시는 항상, 가능한 한 다양한 빈도로 이루어져야 한다. 물론 감시가 강화되는 곳에는 고도의 경고라는 특수조건이 있을 수 있다. 그 간단한 예로는 분출위험이 있는 화산 감시, 재정적 상태가 불안정한 회사 감시, 집중치료 환자의 감시 강화 또는 마감시간(출발시간)을 위한 시간 감시 등을 들 수 있다. 이러한 예에서 알 수 있듯이 감시는 빈도나 감시중인 지표, 혹은 두 가지 모두에 따라서 변경될 수 있다.

감시는 특히 물리적 또는 생리적 과정이 수반될 때 특정 센서, 장비 또는 기술이 자주 요구된다. 감시는 가까이에서 또는 원격으로 수행될 수 있다. 후자의 경우 통신기술 및 전송채널 이용이 필수적이다. 감시는 많은 경우, 특히 사회적 또는 조직적 과정에 집중할 경우에, 센서나 해석자로서 사람들에게 의지한다. 가령 선거이전의 여론조사, 상업조직에 대한 고객설문조사, 사용자 의견(거의 모든 분야에 적용, 공공화장실에서조차 사용) 등이다.

물론 감시에 초점을 맞추어야 한다. 감시의 목표나 대상, 특히 그 이유를 파악해야 한다. 후자가 중요한 이유는 이해할 수 없거나 해석할 수 없는 측정이나 지표는 (비록 그것이 다른 곳에서 더 효율적으로 이용할 수 있는 제한된 자원을 여전히 소모하더라도) 쓸모와 가치가 없기 때문이다. 감시를 수행하는 방법으로, 감시의 빈도와 초점(매개변수 및 값), 기준 및 한계점 등은 효과적이거나 최소한 효율적 감시를 위해서 모두 중요하다.

감시의 제어는 주로 주요 수행지표 및 안전한 운영의 한계점과 관련하여 얻은 교훈을 토대로 한다. 감시는 지속적이어야 하며 우선순위로 두어야 한다. 주의를 요하는 심각한 어떤 상황 때문에 감시를 유보하는 것은 매우 위험하다. 사실, 이러한 상황에서 감시활동은 더욱 중요하다고 할 수 있다.

또한 감시할 시간이 충분해야 하고, 잘 처리해야 한다. 감시는 가치가 없다고 판단되면 종종 그 빈도가 줄어든다. 측정값이 계속 동일하다면, 조직은 감시가 불필요하다고 여기고 감시 빈도를 변경한다. 불행한 예로서, 알래스카항공 261편은, 2000년 1월 31일 캘리포니아주 아나카파섬 북쪽 태평양에 추락해 승객이 전원 사망했다. 아마도 원인은 비행 중 수평안정판 트림시스템의 잭-스크류 조립품의 애크미너트 나사결함으로 인해 피치컨트롤(Pitch control)이 되지 않은 것이었다. 나사의 고장은 알래스카 항공이 잭-스크류 조립품에 윤활유 공급을 제대로 하지 않아 마모량이 초과된 것이 원인이었다. 사고의 원인은 다음과 같다. (1) 알래스카항공은 윤활유 급유간격을 늘리고, 이를 승인한 연방 항공국(FAA)의 행동이 윤활유 누락 또는 부적절한 공급으로 이어졌고, 그로인해 애크미너트 나사부분의 마모량이 초과되었으며, (2) 알래스카항공은 축방향 유격 점검(End play check) 간격을 늘렸으며, (3) FAA가 그 연장을 승인하여, 애크미 너트 나사산의 과도한 마모를 점검할 기회도 없이 고장으로 이어졌다.

감시의 잠재적 위험은 '경솔하게 행동하는 것', 실제로 대응이 필요하기도 전에 대응하는 것이다. 특정 전개상황에 맞는 대응을 할 수 있는 이점은 당연히 상황이 너무 오래전에 전개되지 않아서 조금의 수정만으로 충분할 수 있다는 점이다. 위험요소는 대응이 전혀 필요하지 않거나, 대응이 잘못되었을 때, 두 가지 모두 다양한 부작용을 낳을 수 있다. 상황이 확실해질 때까지 기다리는 것은, 물론 안전하지만 비용이 발생할 수 있다. 다른 한편으로, 대응이 너무 늦어서 더 많은 노력이 필요할 수도 있다.

지표

감시에 대한 논의는 지표와 분리할 수 없다. 수행지표의 주요 목적은 조직 또는 프로세스, 수행방법을 알기위한 기초를 제공하는 것이다. 그 목적을 위해 3가지 유형의 수행지표를 구별한다.

1) 과거에 일어난 일이나 조직의 상태를 나타내는 후행지표
2) 현재 또는 현 조직 상태를 나타내는 현행지표
3) 미래에 발생할 수 있는 또는 가능성 있는 조직의 상태를 나타내는 선행지표

• 후행지표는 감시 목적이나 다른 목적을 위해 과거에 등록 또는 수집된 데이터를 나타낸다. 후자의 경우 당시에는 지표로 인정하거나 사용되지 않았다. 말하자면, 이 지표는 후기단계에서 과거에 무슨 일이 있었는지 이해하기 위해 사용될 수도 있

다. 후행지표는 변천과정이나 동향을 파악할 수 있는 종합데이터가 포함될 수 있다. 후행지표의 예는 사건통계, 동향 등이다. 후행지표는 종종 뒤를 잇는 방해 작용을 조정하기 위한 근거로 사용된다.

- 현행지표는 당시('현재')의 조직 상태를 보여준다. 그 예로는 생산율, 자원 또는 재고 수준, 한 구역의 항공기 대수, 대기실의 환자 수, 연료 매장량, 현금 흐름 등이다. 감시는 운영 중 수행력을 조정하기 위하여 현행지표를 이용한다. 이것은 피드백(제어)으로도 알려져 있다.
- 선행지표는 물리적으로 불가능하기 때문에 당연히 미래의 상태를 실제로 측정하는 것은 아니다. 오히려 선행지표는 미래에 발생할 만한 현재와 과거의 상태측정치에 대한 해석이다. 따라서 측정값은 상태나 수행지표가 아닌 예상변수로 사용된다. 선행지표의 예로는 이용가능한 자원의 통합해석, 안전에 중대한 구성요소의 기술적 상태 및 이용 가능한 시간 등이다.

선행지표는 미래의 전개사항에 대한 해석이기 때문에 단순화할 수 없는 불확실성이 있다. 불확실성이 너무 광범위하다고 판단되면, 경고 또는 감시체제가 행동으로 이어지지 않을 수 있다. 좋은 예로는 쓰나미 경고와 지진 경고의 차이이다. 첫 번째 경우, 지표의 유효성은 확립되어 있으며, 사람들-그리고 관계자들-은 필요에 따라 대응할 것이다. 후자의 경우, 지표는 해석하기 나름이라서, 사람들-그리고 관계자들-은 이를 무시할 수 있다. (또한, 필요하지 않은 경우 행동하는 것은 상당한 비용이 부과되며, 그 반대의 경우도 마찬가지다.)

학습역량

많은 조직들은 학습을 마치 속담에 나오는 의붓자식쯤으로 취급한다. 그러나 학습의 유용성에 대한 논쟁은 간단하다. 배우지 않는 조직은 주어진 대응력에 제한이 있고 항상 동일한 가치나 조건만을 감시할 것이다. 두 경우 모두 조직이 경직되어, 기존의 작업 방식에 갇혀 변화하는 환경에 적응할 수 없다. 사실 레질리언스는 위협이나 방해에 대한 반응이라고 했던 의미에서도, 운영환경에 변하지 못하는 조직은 새로운 유형의 위협에 대처하기 어렵기 때문에 대응에 대한 수정이 필요하다고 지적했다.

학습은 조직이 새로운 지식, 역량 및 기술을 수정하거나 습득하는 방식이라고 공식적으로 정의할 수 있다. 학습은 한 번에 이루어지지 않지만, 이전의 지식을 기반으로 점진적으로 구축되고 형성된다. 따라서 사실과 지식을 수동적으로 수집하는 것보다는 능동적인 개발과정으로 이해하는 것이 더 낫다. 학습은 개인, 사회 집단 그리고 조직을 위해 필요하며 학습역량은 레질리언트한 수행을 위해 중요하다.

대응역량과 감시역량은 모두 운영환경이 완벽하게 안정되고 완벽하게 예상 가능한 아주 드문 경우를 제외하고는 학습역량에 달려있다. 경험을 통해 효율적이고 체계적인 학습을 위해서는 신중한 계획과 충분한 자원이 필요하다. 학습 효과는 학습을 위한 기초, 즉 상황이나 경험을 고려하여 어떻게 상황을 분석하고 이해했는지에 달려있다.

경험을 통한 학습은, 배우기 쉬운 것과 배울 가치가 있는 것을 분리하는 것이 중요하다. 안전의 수준, 즉 안전-I은 부정적 사태의 발생 빈도나 횟수로 나타낼 수 있다. 그러나 광범위한 사고 통계를 수집한다고 해서 실제로 누군가 무엇을 배운다는 것을 의미하진 않는다. 얼마나 자주 발생하는지 세고 있는 것 또한 배우는 것은 아니다. 예를 들어, 사고가 얼마나 많이 발생했는지 아는 것은, 사고의 발생이유나, 사고가 발생하지 않은 여러 상황에 대해서 어떤 파악도 하지 못한 것이다. 그리고 무언가가 발생한 이유나, 발생하지 않은 이유를 모르는 상태에서는, 안전을 개선하는 효과적인 방법을 제안할 수가 없다. 안전-I이든 안전-II이든 마찬가지이다.

안전관리의 실천은 사고나 사건 모두 주의와 관심을 끌기 때문에 전통적으로는 부정적 사태(사고 및 사건)로 부터 학습을 우선으로 한다. 이 논리에 따른다면, 심각한 사태일수록 그것으로부터 배우는 것이 더 중요하며, 또한 배울 것이 더 많다는 것이다. 두 가정 모두가 틀렸으며, 물증보다는 감정과 가치에 근거하고 있음을 입증하는 것은 쉬운 일이다. 이 가정은 또한 사태의 심각성과 빈도 사이 관계가 분명 반비례하기 때문에, 심각한 사태(중대사고 및 재해)는 매우 드물다는 사실을 간과하는 것처럼 보인다. 따라서 배울 기회는 거의 없다(cf. 제1장 '기억 장치' 참조). 학습은 분명 경미한 사고와 사고위기(Near misses)의 상황뿐 아니라 사고로 분류되지 않은 일까지 포함하여 기반을 넓히는 것으로 그 효과를 볼 수 있다. 사고위기를 포함하여 잘 진행되는 일의 수는 잘못 진행되는 일의 수보다 훨씬 더 많기 때문에, 결과의 심각성으로 인하여 우려를 불러일으키는 사태보다는 빈도수에 의해 나타나는 사태로부터 학습하려는 노력이 이치에 맞는다.

학습이 자주 발생하는 사태, 일상 업무 및 행동에 초점을 두는 경우, 심각한 단일 사태에 대한 반응보다는 지속적이어야 한다. 좋은 '학습문화'를 갖춘 조직에서는, 모두가 학습모드를 받아들여 자연스럽게 일상적인 업무로 받아들인다. 좋은 '학습문화'는 좋은-또 나쁜-실천의 발견과 특정 사태에 대한 선별 분석보다, 그 결과를 점차적으로 흡수하는 것을 기반으로 한다. 심도 있는 학습보다 폭넓은 학습 기준이다.

새들백(Saddleback) 화재사망의 학습 보고서

사건 및 사고에 대한 조사와 보고는 일반적으로 안전-I의 관점에 따라 무엇이 잘못되었는지를 이해하려한다. 잘 된 일들이 훨씬 더 많아서 그로부터 배울 것이 더 많음에도 불구하고, 실제로 사건의 보고 대부분이, 배타적이지 않다면, 부정적 결과가 동기가 되어 무엇인가 잘못된 사태에 국한되어 이루어진다. 그러나 새들백 화재사망의 학습 보고서는 단순히 원인을 확인하는 것보다 학습의 중요성을 강조하기 때문에 다르다.

2013년 6월 10일, 캘리포니아 주 모독 국유림지의 남부 Warner Wilderness에서 소방관 3명이 번개 맞은 나무주변에 방화선을 치던 중에 일어난 사고였다. 오후 5시 경 떨어지는 나뭇가지에 소방관 중 한 명이 맞았다. 다른 두 명의 소방관은 심폐소생술을 시작했고 비상상황을 알렸다. 비행시간으로 55분 걸리는 거리에 주둔하던 헬리콥터가 현장에 도착한 시간은 대략 오후 6시 19분이었다. 부상당한 소방관은 가장 가까운 병원으로 이송되었지만 그를 소생시키려는 노력에도 불구하고 사망했다.

학습 보고서는 전통적인 사고보고 방식으로 결론을 도출하는 것을 의도적으로 금지했기 때문에 흥미롭다. 그 대신 보고서는 "독자들이 탐색하고, 질문하고, 배울 수 있도록" 힘을 실어 줌으로써, "새들백에서 왜 그런 의사결정과 행동을 했는지"에 대한 정보를 관련된 사람들에게 제공하려고 노력했다. 그럼에도 불구하고, 원인과 수행도 형성조건의 통상적이고 장황한 설명과는 달랐지만 몇 가지의 결론을 제시했다. 학습 보고팀은 8그룹의 소방관을 근거로, 사고는 공통적으로 인식될 요소(조건, 과정 그리고 행동)들이 있기 때문에 정상적인 일로 생각할 수 있다는 결론을 내렸다. 이 사고는 빈도와 조건의 다양성 측면에서는 독특하지 않았지만, 예상 밖의 방식이 결합되어 발생하였다.

패턴감지 실패

2014년 2월 6일 General Motors(GM)는 약 80만대의 소형차를 리콜했다. 그 이유는 잘못된 점화스위치로 인해 운전 중 시동이 꺼지고, 그로 인하여 에어백이 안 터질 수 있기 때문이었다. 고속도로에서 고속주행중이나, 도시에서의 교통 혼잡시에도 그리고 철길

건널목에서도 멈출 수 있는 것이다. 회사는 그 다음 달까지 더 많은 자동차를 리콜했으며, 결국 전 세계적으로 약 3천만대의 자동차를 리콜했다.

GM은 분명 학습이 늦고, 보고서의 결과도 더디게 받아들였지만, 이 경우 역시 더 흥미롭고 어떻게 보면 학습의 실패라고 할 수 있다. 미국에서의 교통안전은 연방안전 규제 기관인 NHTSA (National Highway Traffic Safety Administration)가 감독한다. NHTSA의 공식임무는 "생명을 구하고, 부상을 방지하며, 교통사고를 줄이는 것"으로 서술되어 있다. 2003년 2월 이후 GM자동차의 시동꺼짐에 대한 불만이 월평균 2건 접수되었으며, 총 260건의 불만이 접수된 것으로 NHTSA는 밝혔다. 그러나 규제당국은 안전조사를 보증할만한 충분한 증거가 없다는 답변만 반복했다. 어떤 이유로든 NHTSA는 불만유형을 파악하지 못했고, 학습에도 실패했다. 또는 데이터에서 이미 알려진 패턴을 인식하지 못했다는 것이 더 정확할 것이다. 결국, 보려고 하는 것만 보인다(What-You-Look-For-Is-What-You-Find; WYLFIWYF)는 고전적인 사례이다. 학습은 분명 이미 알고 있는 인식 그 이상이 요구된다.

GM 내부적으로는, 리콜발표 전 적어도 10년 동안 이 결함을 알고 있었다고 한다. 리콜은 교통사고로 사망한 여성의 가족을 대표하는 변호사가 GM을 상대로 소송을 제기하면서 시작되었다. GM은 3천만대가 넘는 차량을 리콜하고, 124명의 사망자에 대한 보상금도 지급했다.

학습역량의 특징

학습을 위한 필수 기초는 이루어진 모든 대응, 성공한 대응과 실패한 대응 모두에 있다. 학습의 또 다른 중요한 원천은 조직의 경험, 즉 조직이 지금까지 어떻게 발전했는지, 얼마나 잘 수행했는지 등이다. 학습의 일차적 초점은 당연히 조정(대응)과 그 대응의 결과 간 관계, 또는 보다 정확하게는 어떤 방법이 어떤 결과에 효과적이었는지의 관계이다. 여기서 중요한 문제 중 하나는 대응의 결과가 어떻게 나타날지에 대한 것이다. 일부는 즉각 나타날 수도 있고 대응 직후에 나타나는 경우도 있고, 절차의 변화, 태도 등과 같이 시간이 오래 걸리는 것도 있을 수 있다. 또 다른 문제는 조정(Intervention)에 따른 결과가 얼마나 밀접한 또는 '직접적'인가 하는 것이다. 어떤 경우에는 필수적인 인과관계(또는 적어도 추론된 것)가 있을 수 있고, 다른 경우에는 관련성이나 또는 연결이 확실치 않거나 특정 상황과 관련이 있을 수도 있다.

학습의 결과인, '교훈'은, 다양한 방법으로 표현될 수 있고 여러 가지 형태로 나타날 수 있다. 그 교훈은 장비와 도구의 재설계에서부터, 절차변경, 목록작성과 작업배치 변경, 재교육, 목표와 우선순위 수정, 지표와 측정치 변경 또는 조직 문화를 바꾸려는 용기 있는 시도에 이르기까지 다양할 수 있다. 학습을 위해서는 여러 가지가 필요하다. 우선 학습은 기본적인 인간 활동(당분간은 그럴 가능성이 높다)이기 때문에 유능한 직원, 유능한 리더가 있어야 한다. 사람들은 데이터와 정보를 수집하고, 이를 분석하고, 결론을 이끌어 내고 교훈을 어떻게 실천할 수 있는지를 공식화해야 한다. 학습은 또한 장비, 특히 IT장비류가 필요하다. 그리고 물론 시간과 돈이 필요하지만, 조직은 학습을 우선해야만 한다.

또 다른 중요한 쟁점은 어떻게 학습이 이루어지며 어떻게 제어되고 있는지에 대한 것이다. 본질적으로 조직이 학습을 얼마나 중요시하는지의 문제이다. 학습이 평범한 일상에서 필수적인 부분으로 계속 진행하고 있는지, 아니면 어쩔 수 없는 상황(무엇인가 심각하게 일이 잘못되었을 때)이 되어서야 학습이 이루어지는지? 또한 전반적인 학습전략이나 필요한 조직적 지원 여부 등을 통해 학습이 이루어지는지에 대한 것이다.

학습은 시간에 따라 많은 차이가 난다. 무엇보다도 학습 자체에 시간이 걸린다. 경험을 분석하고 적절한 결론을 도출하는 것은 학습의 처음 부분 또는 첫 번째 단계일 뿐이다. 단지 경험을 요약함으로써 배울 수는 없다. 경험은 어떻게든 실천으로 바꾸고, 조직의 적절한 변화가 있도록 하며 그 실행방식을 확인해야 한다. 또 다른 일시적인 쟁점은 대응할 일이 발생할 때와 결과가 명백할 때만 학습이 이루어진다는 것이다. 그러나 시간과 기간에 따라 엄청난 차이가 있을 수 있다. 어떤 변화(대응)는 거의 즉각적인 영향(장비교체와 같은)이 있을 수 있지만, 어떤 변화는 더 오래 걸릴 수 있다. 시간이 오래 걸리거나 유사한 사건이 발생할 때까지 기다려야 하기 때문이다.

최악의 경우 조직은 아무것도 학습하지 못하는 상황이 생길 수 있다. 이것은 일차적인 관심사가 단기적인 생산성과 효율성을 중시하는 ‘개선하고 잊기(Fix and Forget)’ 전략을 취하는 경우 발생한다. 사람들이 문제에 직면하면, 즉시 개선하고 잊으려 할까, 개선하고 보고할까, 아니면 개선하고 보고하고 그 일을 통해 교훈을 얻을까? 개선하고 잊는 것은, 생산성과 접근성에 대한 상당한 외부의 압박이 있는 경우와 같이, 긴급한 사안을 단기에 개선하는 근시안적인 해결책이다. 조금 더 멀리 볼 수 있고, 기회주의적이기보다는 전략적 접근방식에 가깝다면, '개선하고 보고하기'가 또 다른 해결책이다. 개선하고 보고하는 것은 누군가는 보고서를 처리하고 그로부터 교훈을 얻는다고 가정하는 것이다. 이런 기대는 항상 현실적이라 할 수 없으며 학습이 이루어진다 하더라도, 무엇인가 발생하는 실제 상황에서는 제거된다. 따라서 가장 좋은 해결책은 개선하고 보고하고 학습하는 것이다. 후자의 접근법만이 예방적인 안전의 관점과 일치한다.

학습을 위한 전제조건

좀 더 이론적 또는 학문적 관점에서 보았을 때, 학습을 위한 3가지 충족조건이 있다. 첫 번째 조건은 학습 기회가 주어져야 한다는 것이다. 이것은 실제상황 또는 활동의 실제결과가 기대했던 상황이나 결과와는 다르므로 무엇인가 해야 한다는 것을 이해하고 인정해야 한다는 뜻이다. 이것은 결과가 심각하거나(중대 사안일 때) 가치가 비관적(부정적)일 때 자연스럽게 발생한다. 그러나 고유의 일상적인 일이기 때문에 자주 발생하는 일과 받아들일 수 있는 결과가 나타난 경우도 학습되어야 한다. 학습이 따르는 일상의 일은, 비록 한계점이 너무 높다고 해도, 그 한계점을 빠르게 수립해야 한다. 다시 말해서, 조직—또는 개인—은 학습기회가 왔을 때 그 기회를 잡아 학습하거나, 현재의 수행이 받아들일 수 없는 결과로 이어질 수 있기 때문에 반드시 학습해야 한다.

두 번째 조건은 학습의 필요성이 인정되는 많은 상황들 간 합리적인 유사성이 있어야 한다는 것이다. 이것에 대한 설명은 간단하다. 상황이 다르거나 유사성이 없다면, 상황에 따라 학습이 이루어져야 하고, 이것은 곧 학습한 것(지식, 능숙도)이 다른 상황에서는 전혀 쓸모가 없음을 의미한다. 각 상황은 특이하며 각 교훈도 특이하다. 실제로 운영환경, 상황의 원인론은 대부분 항상 공통점이 있다. 상황의 유사성을 찾아내고 포괄적이거나 일반적인 가치가 있는 것을 배우는 것이 더 쉽고, 더 나을 수 있다는 것이다. 비록 실제 사건보다 오히려 인식 또는 해석에서 유사성이 발견된다고 해도, 유사성은 학습을 위한 조건이다. 각각의 상황이 독특한 환경에서 어떤 조직도 지속적으로 존재할 수는 없다.

학습을 위한 세 번째 조건은, 무엇인가 학습했음을 확인하거나 입증할 기회가 있어야 한다는 것이다. 학습은 근본적으로 지식의 변화가 아니라, 행동이나 수행의 변화이다. 우리는 무엇인가 학습했다고 느낄 수도 있고 또는 어떤 것을 학습했다고 주장할 수도 있지만, 수행의 차이를 증명할 수 없다면, 그것은 여전히 가설로 남는다. 이러한 변화가 중요하거나 주목을 끌기 위해서는, 동일하거나 아주 유사한 조건이 다시 발생해야 한다. 흥미롭게도 세 번째 조건은 심각한 사고나 재난으로부터 배운 것을 확인하는 것은 매우 어렵다는 것을 의미한다. 조직에 대한 변화와 작업방식(절차, 장비, 과제, 책임)과 같은 학습노력의 결과가 있을 수 있다. 새로운

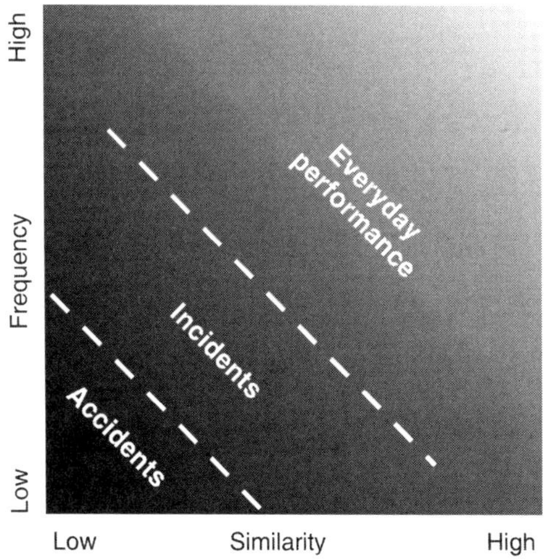

그림 4.1 학습의 필수조건

절차를 발표하는 것은, 어떤 의미에서는 학습의 증거이다. 그러나 새로운 절차가 사용되어야 하는 상황이 발생하기 전까지는, 무엇인가 학습했다는 합리적 신념을 가져서는 안 된다.

학습을 위한 세 가지 조건 또는 전제 조건은 그림 4.1과 같다. X축은 상황이나 사태의 유사성을 나타내고, Y축은 발생빈도를 나타낸다. 유사성은 일상의 상황에서 가장 높으며, 또한 가장 빈번하게 발생한다. 반대쪽 눈금의 끝을 보면, 사고와 같은 심각한 상황에서 유사성은 가장 낮으며, 이는 또한 드물 게 발생하는 상황들이다. (이는 부분적으로 일상의 상황이 진행되는 동안 사고가 발생하지 않도록 우리가 절차를 밟기 때문이다.) 그림 4.1에서 볼 수 있듯이 '결과(Consequence)'는 사고로부터 보다는 일상의 상황에서 더 많은 것을 학습할 수 있다. 그리고 이것은 물론, 안전-II의 관점과 일치한다.

학습실패

학습이 필요하다는 것은 확실하지만, 여러 연구에 따르면 조직은 학습에 실패하기도 하지만 의도적으로 실패하는 경우도 있다. 더 정확하게 말하면, 조직의 관리자들과 학습을 담당하는 사람(또는 학습을 제어할 권한이 있는 사람)들이 때로는 실패를 유도한다는 것이다(Baumard and Starbuck, 2005). 여러 이유가 있을 수 있지만, 일반적인 이유는 다음과 같다.

- 학습은 일반적으로 우선순위에 있는 것, 특히 생산성과 상충되기 때문에 애로사항이 있다.
- 학습은 필요하지만, 시간과 비용이 많이 든다. 비용과 노력의 싸움이다.
- 학습은 조직을 노출시키고 결함이 있는 것 같은 인상을 주기 때문에 위험하다. 학습은 약하고 부적합하다는 것을 인정하는 것이다.
- 학습은 적어도 사람(또는 지도자)의 지위에 대한 위협이다. 권력투쟁에서 다른 사람에 의해 이용당할 수 있는 잠재적 약점(A cinch in the armour)이다.
- 학습은 사람이나 조직의 가치에 반하는 것이기 때문에 조화되지 않는다.

예상(Anticipate) 역량

감시는 논쟁할 필요도 없이 조직의 필수 요소이다. 조직은 운영 환경과 조직 자체에 진행되고 있는 일을 파악하고 있어야 하며, 타당성이 있어야 한다. 그렇지 않으면 장시간 효율적인 기능을 수행할 수 없다. 그러나 조직이 지속적인 기능을 강화하거나 약화시킬 수 있는 미래의 상황, 조건, 위협 및 기회를 예상하기 위해 먼 미래를 내다보는 것도 그리 유용하게 여겨지지 않는다.

감시는 현재의 운영 및 활동범위 내에서 상황범주 내에 있는 것을 관찰한다. 감시는 존재하거나 변화하는 것 같아 보이지만, 인지하거나 측정하거나 또는 주목받았을 경우에 한해서 이루어진다. 감시란 대응이나 개입이 필요한지 여부를 확인하기 위해 주시, 관찰 또는 확인하는 것이다. 예상은 미래에 있을법한 또는 조직의 주요활동에 직접적인 관련이 없거나 영향을 미치지 않는 상황의 범주를 넘어서 "본다(looks)". 감시가 관찰하는 것이라면, 예상은 어떤 것에 대해 생각이나 상상을 하는 것이다.

이러한 선행적 사고(Anticipatory thinking)는 개인, 단체, 조직과 크고 작은 사회의 근본이다. 미래에 발생할 수 있는 위협이나 기회에 대비할 필요가 있다. 조직이 현재와 과거에 대한 타당성을 위해 노력해야 하는 것처럼 미래의 일도 타당하게 만들어야 한다. 문제는, Norbert Wiener(1954)의 말을 인용하면 "현재는 과거와 다르며, 미래는 현재와 다르다"고 했다. 미래는 불확실하지만, 불확실성을 가능한 한 줄이기 위해 노력하는 것은 인간—또한 조직—의 제2의 천성이다. 인간은 운명적, 비관적 포기, 영원한 낙관주의, 결정론 등 여러 방법으로 불확실성에 직면할 수 있다. 이 모두 마음에 평화를 줄 수 있고 회복할 수는 있지만, 예상역량(Potential to anticipate)에 직접적인 영향을 미치지는 않는다.

조직이 미래를 내다보는 두 가지 방법이 있으며 이는 예상의 피상적인 유사성을 보는 것이다. 첫 번째는 조직의 행동을 인도하는 계획이다. 계획의 핵심은 활동하기 전 세부사항을 생각하고 정리하는 것이다. 따라서 필요에 따른 계획은 구체적이고 실제적이지만, 예상은 가상적이거나 잠재적이다. 계획과 예상 간의 또 다른 중요한 차이점은, 계획은 동시적이고 예상은 비동시적(Asynchronous)이라는 것이다. 계획은 진행 중인 활동들의 일부이기 때문에 동시적이며, 실제로 조직은 어쨌든 행동할 필요성이 있다. 전술과 전략에서와 같이, 계획도 짧거나 긴 범위가 있을 수 있지만, 주요목적은 현재의 활동 및 상황을 기반으로 미래 활동을 준비하는 것이다. 예상의 목적은 현재의 활동을 지원하는 것이 아니라 대안적 시나리오를 구상하고 완전히 다른 상황에서 잠재적으로 할 수 있는 일을 생각하는 것이다.

미래를 내다보는 두 번째 활동은 위험평가이다. 위험평가의 목적은 조직의 기능 수행을 방해하거나, 생명, 물질 또는 자원의 받아들일 수 없는 손실을 가져올 수 있는, 조직에 위협이 되는 조건이나 상황을 미리 확인하는 것이다. 따라서 위험 평가는 다루기 쉬운 조직과 시스템에 유용하다. 기능원리가 알려져 있고, 평가서(Description)에 너무 많은 세부정보가 포함되지 않고 상대적으로 빠르게 작성될 수 있으며, 조직 및 운영환경이 너무 안정적이어서 설명이 오랫동안 유효하게 유지된다는 의미이다. 그러나 오늘날의 많은 조직들은 이러한 조건을 충족하지 못하고 다루기도 어렵다. 이러한 조직의 기능원리는 부분적으로만 알려져 있고, 평가서에 너무 많은 세부정보가 포함되어 있으며, 내용을 작성하는데 많은 시간이 소요되고, 조직이나 운영환경이 너무나 빠르게 변화하므로 평가 내용을 자주 업데이트해야 한다. (극단적인 경우 조직은 평가서를 작성하는 시간보다 빠르게 변화하므로 평가는 항상 불완전하고, 결과적으로 조직 역량은 낮아지게 된다.) 이러한 경우 전통적 위험평가 방법은 완전히 부적절하지는 않지만 불충분하다. 위험평가는 대상 기관의 기능에 대한 설명으로 인해 제한되므로 예상과는 다르다. 평가는 체계적으로 분석되고 평가되지만, '예상'과는 달리 위험평가는 이를 넘어서 분리된 대안을 고려할 수 없다. 또 다른 차이점은 위험평가가 실패나 잘못될 수 있는 것에 집중한다는 것이다. 비록 위협을 찾는 것만큼이나 중요하게 여겨져야 할지라도 미래의 기회를 모색하는데 '예상'보다 적절한 방법은 없다.

미래에 대한 예상과 모델

예상이란 앞으로 일어날 수 있는 일 또는 미래에 일어날 일에 대한 기대이기 때문에, 우리가 미래에 대해 어떻게 생각하는지가 중요하며, 필연적으로 현재와 과거에 대한 우리의 생각을 의미한다. 더 구체적으로 말하면, 일어난 일에 대해 우리가 만드는 가정에 달려 있다. 실제로 몇 가지 전형적인 견해나 모델로 구분할 수 있다.

- 예상의 가장 단순한 형태는 유사성이나 빈도와 관련된 인식(Recognition)에 의존한다. 이것은 미래를 과거 반복의 "거울 이미지"로 보는 "기계론적" 관점에 해당한다. 다시 말해, 어떤 상황이 과거에 경험했던 것과 유사성이나 빈도에서 어울린다면, 앞으로도 같은 방식으로 전개된다는 가정이다.
- 조금 더 정교한 형태로는, 알 수 없는 미래가 알고 있는 과거로부터 추론되는, 특히 쉽게 식별할 수 있는 추세와 경향(실제 또는 허구의 상관관계)을 추정하는 것이다. 이것은 미래가 과거의 상황과 조건의 (재)조합으로 서술되는 "확률론적" 관점에 해당한다.
- 예상의 마지막 형태는 과거와 현재에 대한 이해를 바탕으로 미래의 가능한 상황을 계획적으로 구성하고 상황이 어떻게 전개될 것인지에 대해 추론되거나 추측된 원리에 의존하는 것이다. 이는 미래가 아직 오지 않았다는 것을 인정하는 "현실적인" 견해에 해당한다. 예상은 이미 알고 있는 것의 조합을 기반으로 할 수 있고, 과거에는 사소한 것으로 여겨졌었던 조정(Adjustments)과 변동성을 포함한다.

지구 온난화가 탁월한 예이기는 하지만, 그 외에도 변동성이 적은 사례는 쉽게 찾아 볼 수 있다.

저비용 여행

유럽의 한 국가에서, 열차회사가 저렴한 여행 캠페인을 시작했는데, 공휴일에 돌아오는 사람들에게 매우 저렴한 열차표(1유로)를 발매한다면 어떻게 될까? 이런 식으로 질문을 하면 승객 수가 증가할 것이라는 대답은 그리 놀랍지 않을 것이고, 당연히 의도는 그것이었다. 그러나 더 흥미로운 질문은 승객 수가 늘어나면 일상의 운용에 어떤 결과를 가져올지에 대한 것이다.

이 문제를 일으킨 사례는 기차가 역에 도착했을 때 잘못 배치된 철도로 인한 지역 고속열차의 탈선이었다. 탈선이 된 한 가지 요인은, 철도분기기의 위치를 올바르게 조정해야할 철도신호원이, 열차표 판매까지 담당하고 있었기 때문이었다. 매표소에는 기다리는 고객이 있었기 때문에, 그는 시간을 절약하려고 철도분기기를 '규칙대로' 배치하지 않았다.

과도한 작업부하 이외에도, 교대 근무자가 도착하지 않아서 2교대를 혼자 감당하였다. 늘 그렇듯, 상황을 더욱 복잡하게 만든 다른 환경도 있었다. 흥미로운 문제는 열차회사가 열차표 가격을 낮추면 승객 수가 늘어나고 이에 따라 직원들의 작업량이 늘어날 것을 예상하지 못했고, 특히 한 사람이 매표소와 철도 분기기를 홀로 담당했다는 것이다. 의도한 목표, 즉 승객 수가 증가하는 것에만 초점을 둔 것이, 발생 가능한 다른 결과를 무시하게 된 것이다.

복제된 고기(US)

2008년 1월 15일, 미국 식품의약청(Food and Drug Administration, FDA)은 복제된 동물이 음식물로 안전하다고 선언했다. 이로써 식료품점에서 이런 제품을 판매하려고 4년 이상 승인을 기다리던 생산자의 마지막 장애물이 제거되었다. 원래 FDA는 복제동물 식품은 안전하다는 것을 잠정적으로 선언했었지만, 예상대로 소비자와 과학자 모두로부터 비판을 받아왔었다. 2008년 1월 FDA는 추가연구를 통하여 초기의 선언을 확인했다고 발표했다. FDA의 결정이 맞는지 여부와 상관없이 FDA 식품안전 수석전문가가 기자들에게 다음과 같이 주목할 만한 성명서를 발표했다는 사실이 흥미롭다.

"(복제동물에서 나온) 음식이 안전하지 않다는 이론을 발견한다는 것 자체가 상상할 수 없는 일이다." 아마도 식품안전 수석전문가의 말이 옳았을 것이다. 그러나 이것은 그들의 예상능력 결핍과 상상력 부족을 입증한 일이 되었다.

예상역량의 특징

예상의 기초는 현재 상황이나 순간을 넘어서서 생각할 필요가 있다는 것을 인식하는 것이다. 미래가 불확실하다는 것을 인식하고 어떤 준비가 필요한지를 고려해야 한다. 준비의 필요성을 인정하는 것이다.

그러나 예상은 어떤 기반이 있어야 한다. 그것은, 이루고 싶은, 미래의 어느 지점에 존재하고 싶은 그런 비전과 연관되어 있지만, 비전만으로는 충분하지 않다. 공동의 비전은 예상을 유도하거나 제어하는 역할을 할 수 있지만, 공동의 비전 그 자체만으로는 예상이 될 수는 없다. 이것은 오히려 가장 좋은 상태에서 무엇이든 가능한 세계의, 자기 충족적 예언이 되는 계획적인 성명서이다.

예상으로부터의 결과는, 예상이 산출하는 것으로 말하자면, 잠재적 초점, 비판적 관심사 또는 우선순위 영역의 집합체이다. 결과는 미래의 개발 및 조건이 그것의 존재와 수행에 어떤 영향을 미칠 수 있는지에 대한 조직의 아이디어를 나타낸다. 이를 제공하기 위해서는 연구와 탐구(초점을 맞춘) 또는 특정 능력과 자원 개발이 필요할 수 있다. 그렇기 때문에 지속적인 예상은 어렵고(끊임없는 불안감을 제외하고), 대신 필요성을 느낄 때마다 예상이 이루어진다.

따라서 예상의 전제조건은, 상황이 더 이상 안전하지 않다는 느낌, 예측 가능하거나 특정한, 다소 분명한 불안감이다. '불안감'은 조직이 하는 일과 직접적으로 관련이 없는 상황에 의해 유발되기도 하지만, 공식적으로 인정된 '원인 경로'가 없다고 하더라도 어느 정도 영향이 있다고 본다. 현실에 안주하는 조직은 그것이 제한된 외부상황들로부터 격리되었다고 생각하기 때문에 필요성을 고려하지 않는다. 예를 들어 2010−2015년 사이에, FIFA는 주변에서 일어나는 일에 영향을 받지 않는다고 생각했다. 또한 2016년 예비선거가 시작되기 전 미국 공화당도 그랬다. '레질리언트'한 조직은 그러한 단절은 없고, 어떻게 서로 연관성이 있는지에 대한 명확한 설명은 못한다고 하더라도, 예상을 한다.

예상은 과학이라기보다 예술이며 필수적인 상상력과 유사하다 (Westrum, 1993). 그러므로 어떤 일이 일어날지에 대해 추측할 수 있는 자원과 자유를 가지고 있는 사람들의 그룹(내부, 외부)인 씽크탱크라(Think tank)고 불리는 사람들을 제외하고는 성공적인 실현화에 필요한 구체적인 자원을 정의하는 것은 어렵다. 이 사람들은 적어도 예상을 구상하는 동안 조직적(그리고 인지적) 제약을 받지 않아야 한다. 가장 중요한 자원은 틀림없이 시간이다. 예상은 추측할 수 없는 시작과 중단, 알 수 없는 속도로 진행된다. 미래를 생각하는 요청이 있을 수 있지만, 엄격히 지켜야할 기한 내에 결과가 나와야 한다면 안 좋은 신호(기업비전 측면에서)가 될 것이다.

예상을 강요하지 않는다고 관리되지 않아도 된다는 것은 아니다. 합리적으로 생산적이어야 하며, 따라서 어떤 면에서는 관리되고 지침이 있어야 하며 또는 적어도 때로는 면밀한 검토가 필요하다. 예상을 확인하고 이끌기 위한 방법은 일반적으로 인식되는 위협과 기회뿐 아니라 기업전략에서 나오는 위협과 기회도 참조하여야 한다. 또 다른 관리는 회사비전, 회사나 조직이 원하는 방침에 따라 수년 후 모습을 구상하는 것이다. (유감스럽게도 가장 불운한 예는 Baker report에서 밝혀진 BP의 비전이다. 이 주제는 제5장에서 서술한다.)

예상역량의 쟁점

예상의 딜레마는 문제의 어떤 측면을 무시할 수 있고, 어느 부분을 준수해야 하는지를 확실히 알 수 없다는 것이다. 이것은 문헌에서 탐구-개빌의 범위(1991년 3월)로 서술되어왔다. 탐구는 검색, 변동, 위험부담, 실험, 놀이(Play), 융통성, 발견, 혁신과 같은 용어로 사용된 것을 포함한다. 개발에는 개선, 선택, 생산, 효율성, 선택, 성취, 실행 등을 포함한다. 개발보다 탐구에 종사하는 조직은 많은 이득을 얻지 못하더라도 실험비용을 기꺼이 지불할 가능성이 높다. 그들은 너무 많은 미개발된 새로운 아이디어를 보여주며, 독특한 능력을 너무 적게 보여준다. 반대로 탐구를 배제하고 개발에 종사하는 조직은 부적절한 균형상태(Suboptimal equilibria)에 빠져 있다는 것을 발견할 것이다. 결과적으로 탐구와 개발 간 적절한 균형을 유지하는 것이 시스템의 생존과 번영의 주요 요인이다.

예상은 제도적 신념의 경직성, 산만한 유인현상(Decoy phenomena), 외부 불만사항 무시, 다양한 정보처리의 어려움, 낯선 사람으로 인한 위험 악화, 규정준수 실패, 발현적 위험을 최소화하려는 경향 등으로 인해 방해받을 수 있다. 그 해결책은, 비록 말하는 것이 행동으로 옮기는 것보다 쉽다고 하더라도, 열린 마음으로 귀를 기울여야 한다. 조직은 스스로 상대하고 있는 위험한 상황에 대해 외부의 사람들보다 더 잘 알고 있다고 생각하면 위험하다.

또 다른 역량?

4가지 역량이 제시될 때, 2가지 질문이 바로 생각난다. 첫 번째 질문은, 역량이 3개나 5개가 아닌 왜 4개인가 하는 것이다. 두 번째 질문은, 4가지 역량이 왜 대응, 감시, 학습, 예상인지, 왜 다른 것은 아닌지이다. 두 질문 모두 쉽게 대답할 수 있다.

역량이 4가지인 이유는 논리적이거나 추론적이라기보다는 실용적이기 때문이다. 여기서 제시된 4가지 역량은 상황에 대한 많은 설명과 분석에서 쉽게 인식되고 있으며, 4가지 모두 종합해보면 중복되지 않고 충분하다고 본다. 예상하거나 또는 예상치 못한 상황에서 요구되는 대로 기능할 수 있다면 조직의 수행력은 레질리언트하다는 정의와 관련하여, 4가지 역량 중 그 어느 것도 배제할 수 없음은 분명하다.

대응할 수 없는 조직은 단기적으로나 장기적으로도 실패할 것이다. 대응은 운영 환경이 변하지 않는 한, 얼마나 큰 사건이건 관계없이 동일한 일련의 대응책에서 가장 단순한 선택을 할 수 있어야 한다. 대응책은 시간이 지남에 따라 발전해야 한다. 즉, 조직은 학습할 수 있어야 한다는 뜻이다. 실제로, 새로운 기술과 지식을 습득하거나 기존 기술을 수정하는 능력은 사실상 학습의 정의이다. 그러나 감시가 지원되지 않는 한 대응은 효과적일 수 없다. 감시역량이 없다면 조직은 가능한 모든 대응을 위해 지속적으로 준비해야 하며, 이는 분명히 현실적으로도 불가능할 뿐 아니라, 경제적 또는 생산적 측면에서도 합리적이지 않다. 감시는 대응과 동일한 방식으로써 경험을 기준으로 조정되어야 하며, 이는 즉, 학습을 기반으로 해야 한다는 것이다. 대응, 감시, 학습의 3가지 역량으로 조직은 아마도 상당한 시간동안 '난관을 타개(Muddle through)' 할 수 있을 것이다. 조직의 수행력은 안전성에 대한 기준-안전-I의 의미에서-을 충족시킬 수 있고 효과적인 측면에서도 적합하다고 할 수 있을 것이다. 그러나 조직은 현재의 상황을 넘어 일어날 수 있는 일에 대해서는 스스로 준비할 수 없기 때문에 레질리언트한 기준은 충족시키지 못한다. 과거를 분석하는 것처럼 미래를 상상하는 것 또한 필요하다. 레질리언트한 수행력을 위하여 조직의 예상역량은 필수적이다. 비록 가능성 있는 사건, 아직 일어나지 않은 일 그리고 결코 일어나지 않을 일이라 할지라도, 무엇인가 대응을 준비할 수 있는 것은 분명 '점진적(Evolutionary)'인 장점이 있다. 새로운 개발이나 예기치 못한 상황이 없는 경우, 예상은 여전히 유용하지만, 운영환경이 안정적인 경우 예상은 불필요할 수도 있다. 그러나 조직이 존재하는 동안 운영환경이 변화한다면 예상은 분명 필요한 요소이다. 비록 단기적으로는 미래를 생각하는 것이 비생산적으로 보일 수는 있지만, 따라서 비용이 소요된다고 하더라도, 장기적으로는 그렇지 않다. George Santayana가 지적했듯이, 과거를 기억하지 못하는 사람들은 과거를 반복하게 된다. 그리고 과거로부터 학습하지 못하는 사람들은 미래에 실패하게 된다.

4가지 역량이 필요하다는 것을 받아들이면, 그것으로 충분한지 또는 5번째, 6번째 역량이 필요한지 여부를 묻는 것이 정당할 수 있다. 3가지 확실한 후보군은 계획(Planning)역량, 소통(Communication)역량 그리고 적응(Adaptation)역량이다.

계획은 행동구조를 제공하는 데 뛰어나기 때문에, 계획을 수립하는 것은 조직이 기능을 발휘하는 데 필요하다(Miller, Galanter and Pribram, 1960). 그러나 계획은 레질리언트한 수행에 국한되지 않고, 단기적(전술적) 또는 장기적(전략적) 여부에 관계없이 모든 종류의 수행에 적용된다. 계획은 레질리언트한 수행보다는 조직의 존재여부를 위해서 필요하다.

소통은 모든 조직과 어떠한 시스템에도 필수적인 기본요소이다. 소통은 정보를 전송하는 능력으로, 조직의 내부와 외부정보를 수신하고, 제어하기 위해 정보를 송신하는 능력을 말한다. 따라서 소통은 대응, 감시, 학습 그리고 예상을 위해서 필요하다고 볼 수 있다. 그러나 소통역량은 레질리언트한 수행에 있어서 대응 역량과 같이 직접적으로 기여하지는 않는다. 다양한 부분의 기능을 조정하려면 조직은 분명한 소통이 필요하다. 그러나 계획과 같이, 소통도 레질리언트한 수행보다는 조직의 존재를 위해 필요하다.

세 번째 후보는 적응이다. 적응할 수 있는 능력은 조직에 있어서 부정할 수 없이 중요하며, 최근에 복잡－적응(Complex－adaptive) 시스템에 관한 논의가 필요할 때가 왔다. 그러나 적응은 기본역량이라기보다는 복합적이다. 적응할 수 있는 시스템은 경험에 따라 자체를 조정하거나 수정할 수 있고 또는 기능을 조정할 수도 있다. 그러므로 적응은 학습역량과 대응역량의 조합, 또한 감시역량까지 포함한 조합으로 볼 수 있다. 따라서 적응은 기본역량이 아니다.

위의 주장은 분명 언젠가는 5번째 역량이 진정 필요할 수 있다는 것을 배제하지 않는다. 레질리언트한 수행의 개념이나 레질리언스 평가지표(Resilience Assessment Grid : RAG)의 원칙에 그것을 방지할 수는 없다. 그러나 레질리언스 역량의 개수나 성격에 관계없이, 레질리언스가 조직의 일원화된 품질이나 역량의 표현이라기보다 레질리언스는 레질리언스 역량의 표현으로 간주되는 것이 중요하다. 4가지 레질리언스 역량은 구성요소가 아닌 기능으로 서술되어야 하며, 어떻게 상호의존적인지, 어떻게 결합되는지에 대한 설명을 포함함으로써 전체를 구성하는 것으로 간주되어야 한다. 이것은 제6장에서 다뤄질 것이다. 그 전에 제5장에서는 RAG가 실제로 어떻게 사용되는지 설명한다.

Chapter 05

레질리언스 평가지표 (RAG)

조직이 레질리언트한 방식으로 수행할 수 있다는 것은 분명히 중요하며 '가혹한 운명의 공격(Slings and arrows)'을 받을 수도 있다. 그러나 레질리언스를 획일적인 개념으로 다루는 것은 부적절하다. 레질리언스나 레질리언트한 수행은 직접 관리하거나 제어할 수 없다. 반면에, 레질리언트한 수행이 조직의 능력이나 역량표현으로 받아들여진다면, 레질리언트한 수행의 역량을 통해 간접적으로 레질리언트 한 수행을 관리할 수 있다. 물론 필요할 때 조직의 역량이 항상 실현된다는 것이 당연한 것은 아니지만, 이런 역량을 갖고 있지 않은 조직보다 레질리언트한 방식으로 직무를 수행할 가능성이 높다. 반대로, 이러한 역량이 없는 조직은 레질리언트한 수행을 해낼 수 없다는 것은 확실하다.

프로세스 관리의 기본 요구사항

레질리언스 엔지니어링은 기본적으로 4가지 역량을 어떻게 관리하느냐는 것에 있다 – 하나씩 관리하는 것이 아니라 함께 조합하여 관리한다(제6장 내용 참조). 조직의 수행방법이나 제품의 생산방식, 사람이나 물품을 A에서 B로의 운송방법 등, 어떤 것을 관리하기 위해서는 세 가지가 필요하다. 무엇보다 먼저 현재 상황이나 상태(현재 '위치')를 파악하는 것이 필요하다. 그런 다음은 목표가 무엇인지 또는 어디에 있는지, 즉 조직이나 시스템이 원하는 미래의 상태가 무엇인지, 언제까지 목표에 도달해야 하는지를 파악해야 한다. 그리고 끝으로 현재 위치 또는 상황에서 목표를 향하여 어떻게 변화하는지를 파악할 필요가 있다. 어떻게 하면 조직을 올바른 방향과 속도로 '이동' 시킬지를 알아야 한다.

이 비유의 상징적인 예는 항구에서 항구로 항해하는 선박의 조정과 같다. 그렇게 하기 위해서는 (선박의) 현재 위치, 목적지(도착항구와 선박도착이 예상되는) 그리고 현재 위치와 목적지 간의 다른 점을 질서 정연하게 줄일 수 있는 선박 조정 방법을 알아야 한다. 3가지 중 어느 것 하나라도 모른다면 안전한 항해는 불가능하다. 현재 위치를 알지 못한 예로써 1707년의 해군 참사를 들 수 있다.

실리 제도(Isles of Scilly)의 암석과 충돌한 사고로 왕립해군은 4척의 배와 1,550명의 선원을 잃었다. 날씨가 좋지 않아 함대가 남동쪽으로 약 184km 떨어진 웨상섬(Ushant 또는 Ouessant)의 서쪽에 있다고 잘못 생각했다. Columbus가 1492년 첫 항해 때 발견한 아시아 대륙의 일부라고 생각한 인도처럼 목표를 모르는 결과를 보여준다. 그는 대륙을 찾았지만, 우리가 지금은 알다시피, 그곳은 아시아 대륙이 아닌 미국대륙이었다. 마지막으로, 현재위치에서 목적지로 가는 방법을 알지 못해서 생긴 문제는, 사실은 양쪽 모두 정확하게 알고 있었음에도, 1970년 4월의 아폴로(Apollo) 13호는, 수정된 비행계획을 합의한 시점과 폭발된 시점 간 적어도 6시간이 있었다. (표 5.1)

표 5.1 지식부족의 결과

	콜럼버스	Scilly 해군참사	아폴로 13호
현재의 위치 또는 출발점을 알다	예	아니요	예
목표위치 또는 도달지점을 알다	아니요	예	예
현위치에서 목표위치로 항해방법을 알다	예	예	아니요
결과	잘못된 위치에 도달	해군 대참사	제어되지 않는 표류

물리적 시스템의 움직임을 관리하는 경우, 위치는 문자 그대로 지리적 위치이다. 조직의 '동향'을 관리하는 경우, 예를 들어 안전, 품질 또는 '레질리언스'와 같은 속성을 변경하는 경우 '위치'는 비유적이다. 그 좋은 예가 여러 산업분야에서 사용되는 소위 '안전문화의 여정(safety culture journey)'이다(Foster and Hoult, 2013). 여정은 그림 5.1에 표시된 것과 같이, 5단계 설명을 이용하여 조직의 현재 안전 문화를 알아내거나 '측정'하는 것으로 시작한다. '여정'의 목적은 조직의 안전 문화 수준을 높이는 것, 예를 들어 '반응적'인 수준에서 '계획적'으로 변경하는 것이다. 안전여정은 물리적 여행을 비유하지만, 어떤 수준에서 다른 수준으로의 '위치'나 '이동'이

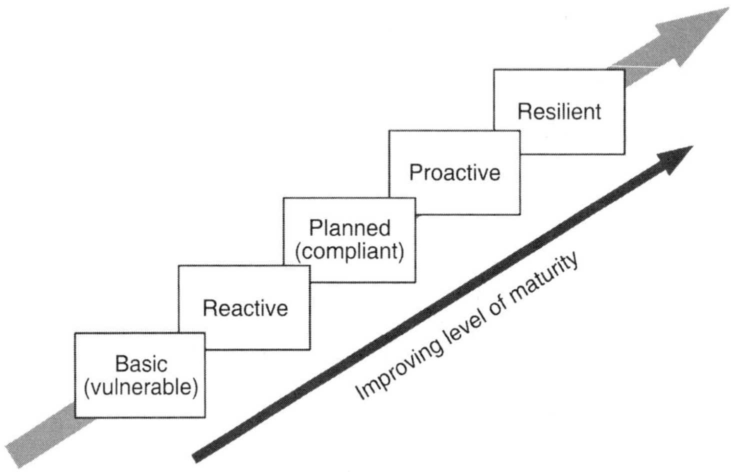

그림 5.1 안전문화의 여정

명확하게 정의되어 있지 않고, 확실하게 이해되지도 못한 것 같다. 이런 비유가 많은 산업분야에서 인기가 있긴 하지만, 기본적 단점 하나는 '위치'를 측정하기가 매우 어렵다는 점이다. 또 다른 문제는 조직의 목표가 다른 조직이 수행하거나 달성한 것에 의존하기 때문에 절대적이기 보다는 상대적이라는 것이다. 결국 조직을 변화시키거나 이동시킬 수 있는 방법에 대한 구체적인 행동지식이 거의 없다고 해도, 안전문화에 대한 자신감은 지지를 얻고 있다. (이 문제는 다시 제7장에서 논의한다.)

British Petroleum과 Baker 보고서

2005년 3월 23일 British Petroleum의 Texas City 정유소에서 발생한 사고 이후 6건의 조사 보고서가 작성되었으며 6가지 다른 권고안이 제시되었다. 이중 하나인 Baker Panel Report는, 전 미국 국무장관 James Baker III가 주도했기 때문에 이렇게 명명되었으며, 회사의 안전문화와 안전관리시스템을 조사했다. 이 보고서는 10가지 권고안을 제시했으며, 그 중 마지막 내용은 다음과 같다.

> "BP는 Texas City 비극 및 패널 보고서에서 얻은 교훈을 활용하여 공정 안전관리 분야에서 인정받는 업계의 선두기업으로 변모해야 할 것이다."

이는 분명 변화를 권장하는 것이다. 출발점은 사고가 발생했을 때 회사는 인지하지 못한 유감스러운 안전관리의 과정이었다. 목표는 "인정받는 업계의 리더"가 되는 것이었지만, 그 또한 명확하게 정의되지 않았다. 그리고 이 보고서는 당연히 "인정받는 업계의 리더"가 되는 방법에 대한 구체적인 조언도 제공하지 않았다. 좋은 말임에도 불구하고, 이 제안은 실전에서는 아무 쓸모가 없었다. 5년 후 이 회사의 Deepwater Horizon 굴착장비가 멕시코 만에서 폭발하여, 세계에서 가장 큰 해양 기름유출과, 미국 역사상 가장 큰 환경재앙을 초래했다.

측정 또는 평가?

측정은 흔히 표준, 규제표준, 업계평균 등과 비교하여 절대적인 조건보다 상대적 조건에서 조직의 위치를 나타내기 위해 사용된다. 그러나 RAG의 목적은 비교보다는 레질리언트한 수행역량을 관리하기 위하여 평가하거나 측정하는 것이다. 따라서 주어진 평가를 임의의 표준이나 다른 조직과 비교하는 것은 의미가 없으나, 동일한 조직의 이전 평가와 비교하는 것은 조직 자체의 참고사항으로 사용되기 때문에 타당하다고 본다. 반복적인 평가를 통해 조직의 '위치'가 어떻게 변하는지, 또한 의도하는 방향과 '속도'로 나아가고 있는지 여부를 추적할 수 있다.

제4장에서는 하나의 특성이나 규모로서의 4가지 역량을 전면적으로 사용하면서 조직의 수행을 평가하는 데에는 제한된 가치가 있다고 주장했다. 조직이 대응, 감시, 학습, 예상할 수 있도록 필요한 구체적인 운용이나 기능면에서, 평가는 4가지 역량의 세부적인 운용사항을 보아야 한다. '레질리언스'와는 달리, 예를 들어, 대응 역량이 여러 개의 특정 운용이나 기능으로 구성되고, 각 기능이 하나 또는 그 이상의 진단 및 형태별 질문에 의해 나타낼 수 있는지의 여부를 보면 쉽게 파악할 수 있다. 질문은 직접적으로 응답할 수 있거나 일치 또는 불일치의 정도와 관련하여 평가될 수 있는 운용조건의 역량으로 특징짓는다면 진단 가능하다. 응답과 함께 구체적인 활동–개입 또는 개선–을 위한 기초로 사용될 수 있다면–의도한 방향으로 특정 운용이나 기능을 개발하기 위해–질문은 형성된다. 상세한 기능과 4가지 역량 간의 의존성과 상호작용의 개요를 유지할 필요가 있다는 것을 잊지 말아야 한다. 3가지 다른 역량에 대해서도 동일한 논쟁을 할 수 있다.

'정직한 6명의 하인'

실무경험이 충분한 사람들에게는 자신의 일과 조직의 중대한 측면을 정확하게 다루는 질문들이 일반적으로 문제가 되지 않는다. 사실 그것이 진단적(직접적)이 아니라 일상적으로(간접적으로) 이루어진다고 하여도 대부분 자신들 업무의 일부이다. 왜냐하면 이러한 질문은 조직이나 활동유형에 대해서 구체적이고 세부적이어야 하기 때문에, 모든 종류의 조직이나 시스템에 적용할 수 있는 포괄적 질문을 개발하는 것은 현실적이지 않다. 그러나 특정조직에 대한 진단적(Diagnostic)인 질문을 개발하기 위한 출발점 역할을 할 수 있는 공통적인 질문을 제안하는 것은 가능하다. (이 방법은 이번 장 끝 부분에서 서술한다.) 이는 이러한 종류의 평가를 수행하는데 상대적으로 경험이 없는 사람들에게는 도움이 되지 않는다.

정보를 수집하는 데 도움이 되는 포괄적인 질문에 대한 제안은 2천 년 전 고전 수사학에서 제시되었다. 로마상원의원이자 철학자 보이티우스(Boethius)는 '누가', 무엇을', '왜', '어떻게', '어디서', '언제', '무엇으로'와 같이 '일곱 가지 상황'을 추천했다. 19세기에는 무엇을? 왜? 어때서?(What? Why? What of it?)라는 세 가지 아이디어가 인기를 끌었고 20세기 초반 키플링(Rudyard Kipling)은 '정직한 6명의 하인' 5W1H에 대해 썼는데 무엇을, 왜, 언제, 어디서, 누가, 어떻게를 의미한다.

레질리언트한 수행을 위한 역량을 평가하는 경우 무엇을 운용(Operation) 하는지와, 그 수행방법 등이 무엇보다 중요하다. 여기에는 무엇인가 필요할 때마다 실제의 조건에 관하여 수행중인(또는 잠재적으로 수행될 수 있는) 적합성 같은 그리고 그것이 어떻게 수행되는지－예를 들어, 강도 또는 용량 면에서－에 대한 문제가 포함된다. 언제(When)는 어떤 일의 행해지는 시간－시작과 지속시간－을 나타낸다. 어떻게(How)는 해야 할 일이 적절할 때, 그것이 올바른 방식으로 행해지고 있는지 여부를 나타낼 수 있다. 적합성은 당연히 특정 운용이나 기능이 왜 선택되었는지 의문을 제기하게 된다. 누구(Who)는 사람에 대한 문제이다－또는 점점 더 기술에 대한 문제일 수 있다－. 이는 역량이 실현되거나 수행되도록 하기 위해 필요하다. 마지막으로, 어디(Where)는 수행되고 있는 일의 초점이나 목표가 올바른지의 여부이다.

4가지 역량평가

다음 부분에서는 4가지 역량의 각 세부사항－하위 잠재력－을 평가하는데 사용할 수 있는 진단적(Diagnostic) 질문의 예를 제시하고 있다. 진단적 질문은 구체적이고 실질적인 문제를 다루는 4가지 역량의 특징에서 파생되었다. 따라서 답변을 사용하여 각각의 역량에 대한 상세한 특징뿐 아니라 레질리언트한 수행에 대한 전반적인 조직의 역량에 대해서도 제시할 수 있다.

4가지 역량은 각각 일련의 포괄적인 질문으로 설명될 수 있다. 이것들은 명확한 이유를 갖고 있기 때문에 특정 범위를 언급하지 않고도 일반적인 용어로 공식화 되었으므로 직접적으로 사용될 의도는 없었다. 진단적 가치를 갖기 위해 특정의 조직을 위한 질문군은 개정되어야 한다. 또한 각 일련의 질문군 수도 표준적으로 여겨지지 말아야 한다. 실제상황의 필요에 따라서 질문 수가 더 많거나 적더라도 적절하다. 각각의 역량에 대해서 진단 질문군은 포괄적인 질문들이 4가지 특정 영역에 어떻게 적용되는지를 보여준다.

대응역량

일이 발생하여도 대응할 수 없는 조직, 사회 또는 시스템은 오래 존재할 수 없다. 대응은 반드시 적절하고 효과적이어야 한다. 또한 발생하는 일에 적절히 대응해야 하며 너무 늦기 전에 올바른 결과를 위해 기여해야 한다. 무한한 자원을 소유한 조직은 없기 때문에, 제한된 상황이나 조건에 대해서만 대응할 수 있다. 따라서 진단질문은 조직이 대응할 수 있는 조건이나 상황에 관한 것이어야 한다.

모든 조직은 조직을 보호할 준비가 되도록 비용효율이 높은 일련의 '주기적인 위협', 상황 또는 환경을 고려한다(Westrum, 2006). 어떤 조직은 또한 계절변동과 같은 기회를 구성할 수 있는 규칙적인 패턴이 있는 상황이나 환경을 고려하기도 한다. 기타의 '불규칙적' 상황에 대해서는 일반적이지만 특별한 준비가 되어 있지 않을 수 있다. 조직의 규칙적인 또는 불규칙적인 상황은 전통을 기반으로 한다–완곡하게 표현하면 '산업계의 축적된 경험'이라 할 수 있다–. 예를 들어 일반적으로 사용되는 위험 시나리오, 받아들일 수 없는 실패, 안전 사례 또는 과거의 성공과 같은 것들이다. 이는 법적 요구사항(지침)을 기반으로 하거나 규제요건에 따라 처리될 수 있다. 또한 업계의 표준, 시스템 설계, 전문지식, 위험평가, 시장분석 등을 기반으로 할 수 있다. 상황 목록은 '교훈'과 운영환경의 변화를 모두 반영하기 위해서 개정되어야 한다. 이러한 개정은 대개 반응적이고 점진적으로 증가하며, 예를 들어, 조직이 대응할 수 없을 때 그리고 이런 사건이 다시 발생하지 않도록 하려는 경우 만들어진다. 그러나 실패로부터 배우는 것은 최소한의 것이고 통찰력과 뒤늦은 깨달음을 이용하여, 정기적이고 체계적인 검토가 이루어진다면－모든 의미에서 본다면－분명 더 나아질 것이다.

또 다른 중요한 질문은 준비된 대응이 적절하고 충분한지의 여부이다. 대응책을 선택하는 가장 중요한 원천은 의심할 여지없이 경험과 전통이다. 노력과 신뢰는 아마도 위험이 거의 없기 때문에 선호하고 과거에 어떤 해결책이 적정했다면, 다시 사용될 가능성이 높다. 충분한 경험이 없는 조직은 다른 조직이 했던 일을 모방하거나 '받아들인다'(타인의 성공을 모방할 필요성이 때로는 너무 강하기 때문에 두 조직 간 양립할 수 없는 차이점은 무시된다). 대응은 또한 세상이 어떻게 돌아가는지, 전문가의 조언 등 가정이나 가설에 근거할 수 있다. 주기적으로 발생하는 상황들에 대해서는 대응책을 점진적으로 개선하고 조정할 수 있다. 그러나 대규모 사고 또는 기타 대변동과 같은 거의 발생하지 않는 상황의 경우, 실제 상황이 발생할 때까지 계획된 대응의 효과는 알 수가 없다.

또한 대응을 얼마나 효과적으로 시행할 수 있는지 질문할 필요가 있다. 조직은 언제나 대응할 준비가 되어 있으며, 필요한 경우 인력, 장비 및 자재는 항상 준비상태에 있는가? 화재나 심장마비와 같은 일부 상황은 너무 위태로워서 끊임없이 준비하는 이점이 비용보다 더 크다. 홍수, 눈보라 또는 정전과 같은 경우는 조건에 따라 더 짧거나 긴 지연이 허용될 수도 있다. 모든 가능한 상황에 즉각적으로 대응할 준비를 하려면 엄청난 비용이 소요된다.

대응의 기준점도 마찬가지로 중요하다. 너무 낮으면 조직의 대응이 너무 자주, 너무 이르게 일어날 것이고 그렇다면 이것은 자원의 낭비이다. 너무 높으면 조직의 대응이 너무 늦거나 전혀 대응하지 않을 수도 있다(양치기 소년 이야기를 상기해본다). 요약하자면, 조직이 대응해야 한다는 것을 얼마나 정확히 인식하고 있으며 준비된 대응이 그 상황의 요구사항과 얼마나 잘 일치하는가?

대응의 타이밍은 두 가지 면에서 중요하다. 하나는 적시에 대응이 시작되는지 여부이다. 너무 늦은 대응도 문제이지만, 너무 이른 대응도 문제가 될 수 있다. 예를 들어 내부에 있는 모든 사람들이 대피하기 전에 지역을 폐쇄하는 것이다. 또 하나는 대응의 지속시간이며, 특히 필요한 만큼 오랫동안 지속될 수 있는지 여부이다. 예를 들어, 생존자 수색은 너무 일찍 끝나지도, 또 너무 오래 지속되지도 않아야 한다. 정상적인 운용을 재개할 수 있는 시기를 결정하는 조직의 '중지 규칙(Stop rule)'이 있는가? 대응의 규모도 적절해야 한다. 조직은 필요한 강도나 규모에 대응할 수 있어야 하며 필요한 시간만큼 유지할 수 있어야 한다. 예를 들어, 산불과 같은 경우, 소방관이 지치거나 자재(차량, 소방약품)가 충분하고 빠르게 보충되지 않으면 제어불능상태로 돌입할 수 있다. 유행성독감이 유행하는 동안 백신을 확보할 수 없는 경우도 마찬가지다.

최종 진단질문은 필요한 역량과 자원을 유지 관리하고 검증하는 방법에 관한 것이다. 재료나 물리적 자원의 경우는 상대적으로 결정하기 쉽다. 그러나 기술 및 역량과 같은 무형의 자원은 어려울 수 있다. 사람의 능력은 종종 결정적인 요소이지만, 요구되는 능력이 있다는 것을 어떻게 확인할 수 있으며, 시간이 지남에 따라 그 능력이 유지될 수 있는지 어떻게 확신할 수 있는가?

예 : 항공교통 관제사 역량평가
(ATCOs : Competence Assessment of Air Traffic Controllers)

많은 직업분야에서 능력에 대한 정기점검은 필요하다. 그 중 하나가 항공교통 관리이며, Eurocontrol과 같은 항공운항 안전에 책임 있는 국제기구가 역량평가를 위한 지침을 발표했다. 여기에는 4가지 요소가 포함된다.

(1) 통상적인 운영임무 중 ATCO의 감시를 통한 지속적인 평가
(2) 매년 실시되는 특정 전용 실질평가
(3) 구두시험
(4) 필기시험

항공편과 승객의 안전을 위하여 조종사를 정기적으로 검사한다. 그러나 의사와 같은 다른 직업분야에서는 그렇게 할 수 없는 것이 현실이다!

대응역량에 대한 질문

표 5.2는 조직의 대응역량을 평가하는 데 사용할 수 있는 일련의 포괄적인 질문에 대한 예이다.

표 5.2 대응역량에 관한 세부사항 예

상황목록	조직이 대응해야할 잠재적이고 발생 가능한 상황이나 조건(내부 또는 외부)에 대한 준비된 목록이 있는가?
상황목록의 타당성	목록을 확인하거나 주기적으로 개정되는가?
대응책	목록에 기록된 모든 상황에 대응책을 계획하고 준비했는가? 이러한 상황이 발생했을 때 사람들은 무엇을 해야 하는지 알고 있는가?
대응책의 타당성	조직은 대응이 적절한지 점검하는가? 어떻게, 얼마나 자주 점검하는가?
대응의 시작과 중지	대응의 시작기준 또는 기준점은 잘 정의되어 있는가? 상대적인가 절대적인가? 대응을 끝내고 "정상"상태로 돌아가기 위한 명확한 기준은 있는가?
활성화와 기간	효과적인 대응이 빠르고 충분하게 활성화될 수 있는가? 필요한 만큼 유지될 수 있는가?
대응능력	대응 준비를 위한 충분한 지원 및 자원이 있는가? (인원, 장비, 자재)
검증	대응(대응능력)을 적절히 유지하고 있는가? 대응 준비가 주기적으로 검증되고 있는가?

대응역량에 대한 진단질문의 실제 예가 표 5.3에 나와 있다. 이 일련의 질문은 캐나다 도심의 응급실(Hunte and Marsden, 2016)에서 사용하기 위해 개발되었다.

표 5.3 대응역량을 평가하는 질문 예

질문	내용
1	우리는 매일의 실천계획을 수립하고 준비하는, 일상적이고, 예상치 않은 임상적(Clinical)인, 시스템 및 환경적 상황목록을 가지고 있다.
2	우리는 상황목록 및 행동계획을 체계적으로 재검토하고 개정한다.
3	우리는 증가한 업무량과 긴박한 상황 하에서 대응능력을 유지하기 위해 활동을 조정/변경하고 자원을 예방적으로 동원하기 위해 정의한 기준점, 행동 및 중지규칙(Stop rule)을 준수한다.
4	우리는 부서 내 또는 다른 부서 및 기관과 효과적으로 팀을 구성하고 소통하며 협력한다.
5	우리는 긴급성과 업무량을 충족시킬 수 있도록 능력을 유지할 조직적 지원과 자원을 갖추고 있다.
6	우리는 조직 및 보건시스템의 변화에 지부(Local department)가 적응하도록 연결한다.

표 5.2와 5.3을 비교하면 응급실의 분석그룹은 포괄적 질문의 부분집합을 선택했지만, 예를 들어 질문 4와 같은 몇 가지 새로운 질문을 추가했다는 것도 알 수 있다. 질문의 특정형태는 중립적이거나 기술적 틀에서 조직을 참조하듯, 상호 주관적이고 상호의존적이며, 건강관리상 인간본성을 보다 잘 반영하는 사회적 틀로 바뀌었다.

감시역량

조직은 상황이나 변화, 위협과 기회에 대응할 수 있어야 하지만 장기적으로 생존을 보장하기에는 충분하지 않다. 이유는 간단하다.

운영환경이 어떻게 돌아가고 있는지 계속 관찰하지 않으면 어떤 일이 일어났을 때 항상 놀라게 된다. 그리고 매번 놀란 일에 끊임없이 대응하는 조직은 조만간 자원과 능력이 바닥날 것이다. 속담에서처럼 미리 준비하면 걱정할 것이 없다. 예기치 못한 것에 대응하는 것은 산불을 끄는 것이나 '두더지' 게임과도 같다. 산불이 자주 일어나지 않거나 두더지가 올라오는 시간 간격이 충분할 때는 가능한 이야기다. 그러나 상황대응에 필요한 시간보다 빈도가 높아지면서 상황간의 시간 간격이 짧아진다면, 또한 더 나아가 상황의 시작은 예상할 수 없으므로 대응이 너무 늦어 비효율적으로 되어버릴 것이다. 그러므로 감시역량이 없는 한 대응역량은 제한적일 수밖에 없다. 반대로, 사건이 발생하기 전에 일어날 수 있는 일을 알고 있거나 추측할 수 있는 조직은 사건이 발생하면 대응할 수 있다. 감시의 목적은 무엇인가를 주의 깊게 관찰하거나 조직과 운용환경(조직의 경계 내부 및 외부)에 어떤 일이 일어나고 있는지 파악하기 위해 정기적으로 정보를 수집하고, 특히 어떤 상황이 대응이 요구되는 상황으로 발전할 수 있는지를 관찰하는 것이다.

감시역량과 관련된 진단질문은 무엇을 감시하고(또한 측정하며), 왜 감시하는가이다. 이러한 질문은 지표문제의 핵심이며 수년간 광범위하게 논의된 내용이다(제4장 참조). 한 가지 핵심쟁점은 지표가 후행지표인지 선행지표인지, 그 지표가 이미 일어난 일이나 앞으로 일어날 일을 나타내고 있는지 여부이다. 또 하나는 조직이 올바른 지표를 사용하고 올바른 측정을 하는지 그리고 지표들을 평가하고 주기적으로 수정하는지 여부이다.

조직이 올바른 지표를 사용하는 데 만족한다면, 다음 질문은 사용방법과, 관찰, 조사 또는 측정빈도에 대한 것이다. 또한 중요한 질문은 지표가 의미 있는지(유효한지) 또는 단지 편리할 뿐인지이다. 실제–모든 산업분야에서–지표는 효율성과 완벽성 간의 타협을 나타내는 것으로 볼 수 있다. 이 맥락에서 효율성은 지표의 현재가치를 측정하거나 '판독하는 것'이 얼마나 쉬운지, 다른 지표 또는 일반적으로 받아들여지는 참조사항이나 기준과 비교하는 것이 얼마나 쉬운지를 나타낸다. 완벽성은 그것을 대표하는 조건이나 과정과 관련하여 얼마나 유효한지 그리고 교정, 지원 또는 개선 조치에 대한 의사결정을 얼마나 제대로, 얼마나 직접적으로 지원하고 있는지에 대한 지표가 얼마나 의미가 있는지를 나타낸다. 두 가지 기준을 놓고 보면 다음과 같은 범주의 지표로 이어진다.

- 측정하기 쉽고 의미 있는 지표. 물론 이것은 이상적인 지표이다. 그러나 실제 예는 찾기 어렵다.
- 측정하기는 쉽지만 의미 없는 지표. 문학작품과 산업적 실천에는 이러한 지표가 많이 있다. 대부분의 안전과 품질지표–최소한 사회·기술시스템– 에 있어서는 찾아볼 수 있다. William Bruce Cameron이 말한 것처럼, "의미 있다고 모두 셀 수 있는 것은 아니고 셀 수 있다고 해서 모두 의미 있는 것은 아니다." 그러나 그런 충고에 주의를 기울인 사람은 거의 없었다.
- 측정하기 어렵지만(또는 비용이 많이 들지만) 의미 있는 지표. "의미는 있지만 (쉽게) 셀 수 없는 것" 들이다. 확실한 방법이

없다고 하더라도, 특정한 정보의 필요성 때문에 규정되었다. 이 범주의 지표는 일반적으로 측정하기 쉬운 다른 지표로부터 집계되거나 계산되었으며, 집계는 지표의 의미를 반영한다. 그 예는 제4장 소비자 물가지수에서 서술했다.

- 측정하기 어렵거나 (또는 비용이 많이 들거나) 중요하지 않고 의미 없는 지표. 비록 이 범주가 분명히 실제적인 관심은 적다고 해도, 그럼에도 불구하고 특히 경제학 분야에서 여러 사례를 발견할 수 있다. 간접적인 (계산된) 소비자 심리 지수와 같은 일부 지표는, 실제로 효과가 있다는 증거가 없다고 해도 관행 때문에 사용될 수 있다. 또 다른 예는 안전문화의 수준에서 볼 수 있다.

이러한 네 가지 범주에 따라 지표가 분류되는 경우, 결과는 그림 5.2와 같이 기울어진 타원형으로 대부분의 지표가 표시된다.

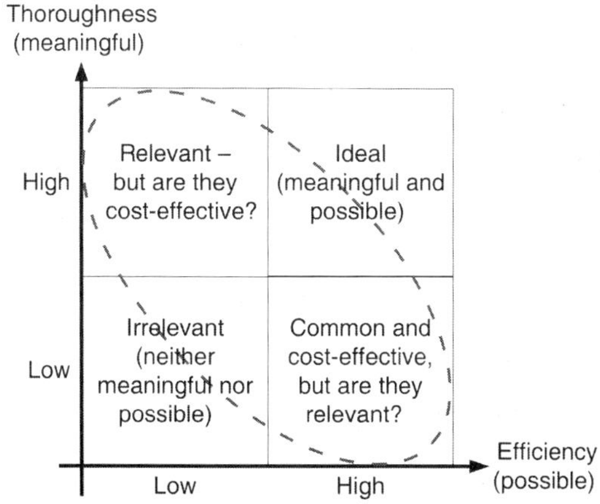

그림 5.2 효율성과 완전성에 관한 지표분포

감시와 관련된 다른 문제는 측정 빈도와 얼마나 빠르게 분석되고 해석될 수 있는지 여부이다. 측정물의 해석은 필요할 때 시기적절한 해결책을 지원할 만큼 충분히 빨라야 한다. 이것은 단순한 지표에 대한 광범위한 선호도를 설명할 수도 있고, 특히 양적으로 수치를 표현할 수 있을 때 더 그렇다. 그러나 해석은 시간 n의 지표값이 설정값이나 기준치 또는 시간 n−1에서 동일지표의 값보다 높거나 낮다는 단순한 인식 그 이상이어야 한다. 예를 들어, 한 국가의 교통사고 사망자 수를 고려해보자. 일반적으로 1년이 끝나면 통계가 나오는 절대수치에 초점을 두지만, 두 번의 연속 측정값이 크게 다르다는 것을 어떻게 알 수 있을까? 더 중요한 점은, 그러한 차이를 어떻게 효과적인 개선이나 수정작업 또는 중재를 위한 기초가 되도록 해석할 수 있는가?

예 : 병원의 표준화된 사망률 (HSMR : Hospital Standardised Mortality Ratio)

병원의 표준화된 사망률은 일정기간 동안 입원한 환자 중 관찰된 사망자 수와 예상 사망자 수 사이의 비율이다(로지스틱 회귀분석모델 이용). 환자의 안전과 치료의 질 개선을 파악하기 위하여 사망률을 평가하고 분석하는데 세계적으로 사용되고 있다. 직관적으로 의미있는 특정 수치인 HSMR을 제공하기 때문에 주의를 끈다. 그러나 HSMR은, 그럼에도, 낮은 기준 유효성과 시간이 지나면서 점점 불확실한 안정성으로 인해 오해의 소지가 있다는 비판을 받아왔다. 따라서 단순성은 그 가치를 착각하게 만들 수 있다. HSMR은 측정하기 쉽지만 의미가 크게 없는 지표의 예이다.

감시역량에 대한 질문

표 5.4는 조직의 감시역량을 평가하는 데 사용할 수 있는 일련의 포괄적인 질문 예이다. 감시역량의 진단질문의 실제 예는 표 5.5에 나와 있다. 이 예제는 프랑스 국립철도(SNCF)에서 사용하기 위해 개발되었다(Rigaud et al., 2013). 이 실제 진단 질문은 대부분의 경우 직접적인 포괄적 질문과 추가질문(예 : 질문 #7)에서 간추린 것이다. 진단질문의 형식은 원칙적으로 직접 확인되거나 거부될 수 있는 진술이다. 그러나 실제의 응답 범주는 다음 섹션에서 서술하는 것처럼 더 섬세하다.

표 5.4 감시역량에 대한 세부사항 예

지표 목록	조직은 주기적으로 사용되는 수행지표 목록이 있는가?
타당성	목록은 주기적으로 검증되거나 개정되고 있는가?
유효성	지표의 유효성이 수립되어 있는가?
지연	샘플링 지표는 지연이 허용되는가?
민감성	지표는 충분히 민감한가? 변화와 발전을 조기에 감지하는가?
빈도	지표의 측정 또는 샘플링 빈도는 충분한가? (지속적, 주기적, 수시로)
해석능력	지표/측정치가 직접적으로 의미가 있는가? 또는 일종의 분석이 필요한가?
조직적 지원	정기점검 계획이나 일정이 있는가? 적절한 자원인가? 결과를 올바른 담당자에게 전달하고 이를 활용하는가?

표 5.5 감시역량을 평가하는 질문 예

질문	내용
1	안전 수행지표는 조직과 일관성이 있다.
2	지표는 주기적으로 적절하게 개정된다.
3	조직은 선행지표(Leading indicators)를 이용한다.
4	조직은 후행지표(Lagging indicators)를 이용한다.
5	선행지표가 유효하다.
6	후행지표의 적용기간은 적절하다.
7	측정 유형(정성적 또는 정량적)은 적절하다.
8	측정 빈도는 적절하다.
9	측정과 결과분석 간의 지연은 허용된다.

학습역량

발생하는 일을 관찰하기 위해, 감시역량이 있는 조직 그리고 대응이 필요할 때 조건(수요, 자원, 운용환경 등)에 필요한 시간만큼 합리적 대응역량이 있는 조직은 안정적이다. 변화가 생기면 조직도 변화해야 하는데, 이것은 학습역량을 의미한다. 학습은 크고 작은 일상의 상황에 조직은 어떻게 대처하는지에 대한 능동적이고 의도적인 수정(Modification)이다. 따라서 학습의 본질은 조직이 대응, 감시, 예상 그리고 학습 방법도 변화시키는 능력이다.

한 가지 질문은 학습의 기초에 관한 것이다. 안전과 관련하여 확고한 지혜는 사고로부터 학습하는 것이다. 사고는 원하지 않는 것이며 가능한 이러한 일들을 피하려는 것은 당연하다. 인과관계 신조(Causality credo)에 따르면, 사고의 원인을 발견할 수 있고–원칙적으로—제거할 수도 있다. 사고가 다시 발생하지 않도록 하려면 그 사고로부터 배울 필요가 있다. 이와 같이 증명되었다(QED : Quod Erat Demonstrandum). 안전에 대한 이러한 기존의 관점에서, 안전-II 관점은 대안을 제공한다. 잘못된 일에 원인이 있다면 잘되는 일에도 반드시 원인이 있다. 그리고 사고보다는 잘 되어가는 일이 더 많기 때문에, 그로부터 무엇인가를 배우려고 노력하는 것이 합리적이다. 실패로부터 학습하는 것은 제한적이며, 비용도 많이 든다. 조직은 발생하는 모든 일, 잘된 일, 나쁜 일—그 사이에 있는 모든 일로부터 학습해야 한다.

학습은 규칙적이거나 불규칙하거나—심지어 지속적일 수 있다. 불규칙적인 학습은 사고와 같은, 비정상적인 상황에 대한 반응으로 이루어진다. 어떤 것이 이전과 다르거나 예상했던 것과 많이 다르다면(부정적이거나 긍정적 의미 모두) 학습 할 수 있는 조건이 된다. 이러한 유형의 학습은 상황 중심적이며 반응적이다. 또한 사고가 발생하지 않거나 놀라운 일이 없을 때와 같이 '아무 일도' 일어나지 않는다면, 학습할 것이 없다고 가정하고—결과적으로 학습할 것이 전혀 없게 되는 것이다. 그러나 이 추론은 근본적으로 잘못된 것이다. 실제 '아무 일도' 일어나지 않을 때 많은 일들이 일어나고, 조직은 이러한 것들로부터 배움으로써 막대한 이익을 얻을 수 있다.

정규학습은 특이한 상황보다는 수행 패턴을 기반으로 한다. 이는 조직이 학습의 기초가 되는 데이터와 정보를 수집하는 방법의 중요성을 강조하는 것이다. 그것은 당연한 일상의 일(필수적인 부분)인가 또는 개별적으로—특정 시간이나 전문가에 의해 수행되는가? 전문가가 학습을 담당하는 경우, 일을 수행하는데 필요한 권한과 자원이 주어졌을 것이다. 그러나 학습이 별도 활동이라면 일상의 일과는 분리된다. 여기에서 '학습'시점과 실전 간의 시차(Time lag)를 접하게 된다. 사실, 심화학습은 실전에서는 제거되며, 시차가 클수록 정확도와 세부내용 수준은 떨어진다. 이것은 그림 5.3에 나와 있는데, 이는 상황을 통해 학습하는 전형적인 경로를 보여준다. 더 나아가 보고서가 조직에서 통과하려면 공지되기까지, 또 피드백이 제공되기까지, 상당히 오래 걸릴 것이다. 또 다른 결과로 정보는 기초 데이터(실제상황의 현장정보)에서 분석 데이터 및 집계 데이터를 통해 수행지표(예, 점수카드) 또는 장기 트렌드(통계)로 점진적으로 변경된다. 높은 수준의 지표를 사용한 의사결정은 현장에서 내린 결정보다 덜 구체적이며 운영 면에서 결여된 것이다.

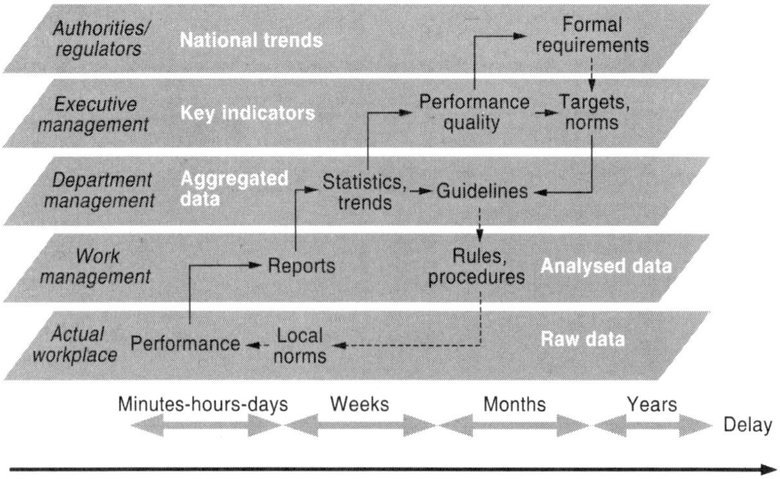

그림 5.3 조직의 학습지연

또 다른 진단질문은 학습에 할당된 자원에 관한 것이다. 이것은 학습이 직접적이고 개인적이거나 중재적이며 조직적인지 여부와 관련이 있다. 학습에 할당된 자원은, 특히 상대적으로 '평온한' 시기에는 투자가 아니라 비용으로 간주되기 때문에, 금융상황이 안 좋아지면 가장 먼저 없애게 된다.

끝으로, 학습이 어떻게 실행되는지에 대한 질문이다. 학습이 새로운 규칙이나 절차, 수정된 교육내용, 장비, 작업 공간 및 조직 구조의 재설계 또는 제한된 재편성으로 표현되는가? 변경사항은 일시적인가 또는 영구적인가, 자체평가는 이루어지는가? 학습효과는 얼마나 오래 지속되는가, 학습된 교훈은 어떻게 유지되며 그리고 실제로 학습이 되었는지 확인하는 방법은 무엇인가? 사고나 붕괴와 관련된 불규칙 학습은, 유사 상황이 다시 일어나지 않을 수 있기 때문에, 불가능하지는 않지만 확인이 어렵다.

여기서 규칙적인 학습을 사소한 사건이나 심지어 일상적인 일들과 연결시키는 것이, 어떤 학습효과가 있는지 여부를 결정하기 쉽기 때문에 확실히 유리하다.

예 : Alan Greenspan과 금융위기

심리적인 현상으로서의 학습은, 인간 심리를 형성하는 몇 가지 편향의 대상이 된다. 이 중 하나는, 사람들이 자신의 신념이나 가설을 확인하는 정보를 선호하도록 유도하는 확증편향(Confirmation Bias)이다. 다음은 미국 연방 준비제도 이사회(Federal Reserve of the United States)의 전 의장인 Alan Greenspan이 Guardian지

(2008년 10월 24일)와의 인터뷰에서 밝힌 내용이다. Greenspan은 금융위기에 대해 다음과 같이 시인했다. "부분적으로 … 사리사욕을 채우는 조직들, 특히 은행, 이 회사의 주주들과 지분을 가장 잘 보호할 수 있다고 생각한 것이 나의 실수다 … 세상이 돌아가는 방식을 정의하는 중대한 기능적 구조라는 것을 인지한 모델에서 나는 결함을 발견했다. 나는 40년 동안 의외로 잘되고 있다는 상당한 증거들을 갖고 살았다."

Greenspan의 시인은 학습실패뿐 아니라 예상의 부재를 보여주며, 확고하고 의심 없이 받아들이는 전제에서 나온 단순한 추정일 뿐인 '기계적' 예상일 수도 있다. 2007년~2008년의 서브프라임 버블도, 같은 과정을 보였으며, 제3자인 Dr. Michael Burry가 정확하게 예측했었다.

학습역량에 대한 질문

표 5.6은 조직의 학습역량을 평가하는 데 사용할 수 있는 일련의 포괄적인 질문의 예를 제공한다.

표 5.6 학습역량에 관한 세부사항 예

선정 기준	조직은 (빈도, 심각성, 가치 등으로부터) 학습할 상황에 대한 명확한 계획을 갖고 있는가?
학습 기반	조직은 잘 진행되는 일로부터도 학습하는가 또는 실패로부터만 학습하는가?
학습 스타일	학습은 상황 중심적(반응적)인가 또는 지속적(계획된)인가?
분류	데이터 수집, 분류 및 분석을 위한 공식적 절차가 있는가?

책임	학습을 책임지는 사람이 있는가? (공동의 책임인가 또는 전문가에게 배정되었는가?)
지연	학습기능은 원활한가 또는 학습과정에 상당한 지연이 있는가?
자원	효과적인 학습을 위한 적절한 지원을 조직에서 제공하는가?
실행	'학습 교훈'은 어떻게 실행하는가? (규정, 절차, 교육, 지침, 재설계, 조직의 재구성 등)

학습역량에 대한 진단질문의 실제 예는 표 5.7에 나와 있다. 이 질문군은 스웨덴 Linköping 대학의 연구원이 항공교통관리(Ljungberg & Lundh, 2013)에서 연구를 위해 개발했다.

표 5.7 학습역량을 평가하는 질문 예

질문	내용
1	무엇을 보고해야 하는지 명확하다.
2	제출한 보고서는 충분히 조사하고 있다.
3	제출한 보고서에는 좋은 대응/피드백이 있다.
4	보고서 제출에서 대응까지의 시간은 허용된다.
5	보고서 작성에 충분한 자원이 있다.
6	직원들이 보고서를 작성하도록 동기부여 받는다.
7	학습은 잘되는 일과, 잘못되는 일에서도 교훈을 얻는다.
8	우리는 다른 부서 직원들과 만나서 서로에게서 배운다.

이 경우 진단질문은 대응역량에 대한 개별적인 견해를 강조하기 위해 기안했다. 예를 들어, 질문 #2, #3, #4는 조직적 또는 체계적

관심사가 아닌 학습이 어떻게 이루어지는지에 대한 직원들의 관심사다. 질문 #8은 수집된 데이터를 통한 '직접적인' 학습보다는 동료를 통한 '간접적인' 학습에 관한 것이다. 다른 3종류의 역량과 마찬가지로, 이 질문들은, 항공교통관리 업무의 특성과 ATCOs의 관심을 반영하고 있다. 이 경우 대부분의 질문은 복수응답이 가능한 방식으로 기안되었지만, 보다 등급별 응답을 사용할 수도 있다.

예상역량

거의 모든 조직은 일상의 업무수행에 영향을 줄 수 있는 동요와 소동에 대처하는 능력을 걱정하고 있으며, 감시 및 대응역량을 관리하는 방법으로 이를 강화하려 노력한다. 많은 조직은 새로운 요구사항 및 새로운 제약사항이 적용된 운용환경 변화에 보조를 맞추려 고민하고 있다. 또한 일부 조직들은 미래에는 어떤 결과가 있을지에 대해서도 관심 있으며, 특히 장기적 관점을 포함한 비전이 있다면 더욱 그럴 것이다. 그러나 미래에 일어날 일에 대해 생각해 볼 수 있는 예상역량은, 4종류 역량 중 가장 적게 개발되고 평가되고 있다. 그러나 4종류의 모든 역량이 상호간 어느 정도 존재하지 않으면 레질리언트한 수행은 가능하지 않다.

예상역량은 감시역량의 연장 그 이상이다. 감시의 목적이 조직 내외부에서 일어나는 일을 수시하기 위한 것이라면, 예상의 목적은 앞으로 발생할 일에 대해 생각하거나 추측하는 것이다. 감시는 중요해질 수 있는 것에 주의를 기울이고, 예상은 그 잠재력을 상상하는 것이다. 이것이 적어도 기존의 안전관리에서는, 예상에 대해 상대적으로 거의 수행되지 않은 주된 이유일 것이다. 엔지니어링과 상상력은 종종 공존할 수없는 것으로 여겨지지만, 이는 사실과 거리가 멀다.

아마도 예상역량의 가장 중요한 조건은, 그래서 평가해야할 가장 중요한 측면은, 미래에 대해 생각할 시간과 노력의 필요성을 수용하는 공동 비전(Corporate vision)의 존재이다. 많은 조직들이 미래의 고객, 미래의 환자, 미래의 규칙과 규제(입법) 등의 '시장(Market)'을 예측하려한다. 그러나 예상역량은 그 이상의 것이다. 그저 일어날 수 있는 일에 대한 아이디어가 아니라, 조직이 성취하고자 하는 것 또는 달성하고자 하는 것이 무엇인지, 장기적으로는, 무엇이(또는 어디에) 있기를 원하는지에 대한 아이디어다. 그와 밀접하게 연결된 것은 위험을 감수하려는 의지이다. 그것이 없다면, 예상으로부터 얻는 것이 거의 없을 것이다. 위험회피는 예상의 적이다.

예상의 중요한 부분은 조직이 미래의 어디까지 보기를 원하는가 하는, 시계(Time horizon)이다. 어떤 조직의 경우 활동의 본질에서 답이 나온다. 예를 들어, 원자력 발전소, 고속도로 교량, 풍차 농장 또는 병원을 건설할 계획이면 이것이 거대한 투자이고, 기대 수명이 길며, 단순히 그만 두거나 빨리 해체할 수 있는 것이 아니기 때문에, 멀리 내다볼 필요가 있다. 다른 조직의 경우 이것은 야망의 문제이며, 불확실성에 대한 내성(Tolerance)의 문제이다.

조직이 예상에 관심을 갖는다면, 그 다음 질문은, 조직이 미래에 대해서 어떻게 생각하는가? 다시 말해, 그들의 세계적 그리고 내부에서 일어나는 상황 모델은 무엇인가? 그것에 영향을 미칠 수 있는 상황의 원동력은 무엇을 추정하는가? 위협과 기회는 어디에서 오는가? 예상은 연결된 모델을 기반으로 한 것인가 아니면 예감, 느낌 또는 직관을 기반으로 한 것인가? 이와 관련한 질문은 명확하게 표현된 전략이 있는가? 그 전략을 일반적으로 알고 있는가? 등이 해당된다.

마지막 2개의 진단질문은 미래에 대한 생각을 할 때, 누가 하는가? 그것은 규칙적 또는 불규칙적 관심사인가, 공동의 비전에 의한 것인가, 카리스마 넘치는 리더에 의해 정해진 것인가, 혹은 불가항력적인 변화나 소요에 대한 대응책인가? 예상을 외부 컨설팅 업체나 싱크탱크에 아웃소싱 하는가 또는 조직내부에서 수행 된다면—누가 하는가? 등에 대한 것이다.

예 : 튜링 제약(Turing Pharmaceuticals)

Turing 제약의 가격책정 정책에 대해 대중과 시장으로부터 반응은 예상하지 않은 결과를 보여준다. 2015년 9월, 회사는 상품가격을 인상했는데, Daraprim은 기생충 감염치료제로 한 알 당 가격을 13.50달러에서 750달러로 5,555% 인상했다. 회사의 판매이익은 질병퇴치에 도움이 될 새로운 치료제개발에 사용될 것이라고 주장했다. 당연히—회사만 제외하고—광범위하게 시민들의 분노를 샀고 2명의 미 하원의원으로부터도 질문을 받았다. 회사는 이에 대한 대응으로 4명의 로비스트와 위기 홍보회사를 고용하여 가격결정에 대한 회사의 입장을 대변했다.

2015년 12월 17일, Turing CEO는 이전에 근무하던 회사에서

Ponzi 계획을 실행한 혐의로 FBI에 의해 체포되었다. 회사는 가격을 낮추지 않았지만, 다른 회사들이 저렴한 가격으로 제품을 대신 출시했다.

예상역량에 대한 질문

마지막으로 표 5.8은 조직의 예상역량을 평가하는 데 사용할 수 있는 포괄적인 질문의 예를 제공한다. 예상역량에 대한 진단질문의 실제 예는 표 5.9에 나와 있다. 이 질문은 호주 방사선 방호 및 핵 안전국(Australian Radiation Protection and Nuclear Safety Agency)에 의해 총체적 안전지침(Holistic Safety Guidelines–ARPANSA, 2012)의 일부로 개발되었다.

표 5.8 예상역량에 대한 세부사항 예

기업문화	기업문화는 미래에 대한 사고(Thinking)를 장려하는가?
불확실성의 수용	위험/기회가 받아들여지거나 받아들여지지 않을 때를 대비한 정책이 있는가?
시계(Time horizon)	조직의 시계는 조직이 하는 일련의 활동에 적합한가?
빈도	미래의 위협과 기회는 얼마나 자주 평가하는가?
모델	조직은 쉽게 알 수 있고 명확한 미래의 모델을 갖고 있는가?
전략	조직은 명확한 전략적 비전을 갖고 있는가? 그것은 공유되고 있는가?
전문성	미래를 예상하기 위해 어떤 전문성(사내, 외부)이 사용되는가?
의사소통	미래에 대한 기대를 조직 전체가 알고 있는가?

표 5.9 예상역량을 평가하기 위한 질문의 예

질문	내용
1	안전 및 보안과 관련된 잠재적 약점과 위협에 대해 미래를 조사하는 시스템이 있는가?
2	이러한 예측을 하는 시스템이나 사람은 정확하고 적절한 예측을 위해 충분한 전문성, 역량 및 자원이 있는가?
3	이러한 예측은 얼마나 먼 미래를 위해 얼마나 자주 하는가?
4	이러한 예측 분석의 범위와 깊이를 결정하기 위해 어떤 기준을 사용하는가?
5	직원이 잠재적 또는 예상되는 안전과 보안관련 약점과 위협에 대한 문제 제기를 쉽고 간단하게 할 수 있도록 보장하는 적합한 시스템이 있는가? 이러한 직원들의 기여는 어떻게 고려되는가?
6	예측 정보가 조직의 관련부서에 전달되도록 하기 위해 어떤 시스템이 있는가? 이 정보를 적절하게 전달하고 관련 직원 및 부서/프로세스를 공유하고 있는가?
7	미래의 안전과 보안의 약점 및 위협을 적절히 예상하기 위한 직원의 기술과 역량을 개발하고 유지하기 위한 시스템이 있는가?
8	예측 분석에서 제기된 문제를 해결하기 위한 제어방법을 개발하고 시행하기 위해 어떤 (적절한) 시스템이 있는가? 직원들이 개발 및 시행과정에 대하여 적절히 컨설팅 받고 있는가?

이 예에서 진단질문은 조직 자체가 아닌 규제자의 관심을 나타내고 있지만, 양쪽 사이에 자연히 중복되는 것이 있을 것이다. 이와 같이 각 질문은 같은 형식의 "이떤 시스댐이 있는가..."로 끝난다. 질문은 조직의 경영진 중심이지만, 다른 사람도 응답할 수 없는 것은 아니다. 관리 초점은 잠재적 개선 조치를 목표로 해야 하기 때문에 규제기관을 위해 타당하다. 일부 질문은 다소 상세한 답

변을 요구하지만 다른 질문은 사전에 준비된 범주 안에서 답변이 나올 수 있다. 추구하는 답변 유형이 평가목적에 따라 명확하게 명시되어야 하며, 이 경우 조직을 직접 관리하기보다 조직의 관리를 평가하려는 것이다.

프록시 측정(Proxy Measures)

레질리언트한 수행의 역량평가 또는 측정은 별개의 상황이나 단편적인 수행을 기반으로 할 수는 없으며 몇 주 또는 몇 달 동안 일어나는 수행의 특징을 참조해야 한다. 수행이 레질리언트 했는지의 여부를 결정하기 위해 조직은 일정기간 수행을 따르는 것이 이상적이다. 그러나 이것은 거의 불가능하기 때문에, 효율성과 완벽성을 충족시킬 수 있는 프록시 측정 같은 것을 찾아야 한다.

레질리언스는 사람들이 크고 작은 일상의 상황에 어떻게 대처하는지 실제의 운용 상태에 맞춰 수행능력을 조정하여 표현하는 것으로 정의된다. 따라서 레질리언스는 결과(제품)보다는 개인 및 조직의 수행(프로세스)과 관련이 있지만 그것이 다루기 힘들고 잘 알려지지 않았기 때문에, 개인과 조직의 수행을 직접 측정하는 것이 어렵다는 것은 잘 알려져 있다. 레질리언트한 수행을 위한 4가지 기본역량이 그 해결책이다. 그렇다고 해서 각각의 역량이 하나의 척도로 대표되는 단순하고 획일적인 품질로 취급해서는 안 된다. 프록시 측정은 이번 장에서 설명한 대로 각 역량의 세부사항을 기반으로 해야 한다. 이러한 프록시 측정은 실제 프로세스 (수행)보다 느리게 변화한다는 것이다. 또한 항상 의존성을 고려하면서 기능이나 프로세스 구성요소를 통해 변경하고 관리하는 것이 더 쉬울 것이다.

진단질문 수립

역량평가는 조직을 관리할 수 있을 만큼 충분하고 상세하게 이루어져야 한다. 따라서 진단질문에 대한 응답은, 예를 들어 리커트 척도를 사용하여, 양자택일('예' 혹은 '아니요', '찬성' 또는 '반대' 등)이 아닌 단계별로 나눈다. 실제 진단 질문의 4가지 예는 질문을 공식화하고 답변을 기록하는 다양한 방법을 보여준다.

- 표 5.3(캐나다 도심 응급실)은 응답자가 질문에 찬성하거나 반대하는 수준을 표현할 수 있도록 질문을 공식화했다. 원론적으로 이것은 양자택일(찬성 또는 반대)일 수 있다. 그러나 더 일반적이고 유용한 형태는 대칭적 척도에 대해서 응답자들이 찬성이나 반대하는 수준을 구체화할 수 있게 하는 것이다. 리커트 척도의 전형적인 5단계는 다음과 같은 응답을 구분하여 사용할 수 있다.
  '매우 반대'-'반대'-'찬성도 반대도 안함'-'찬성'-'매우 찬성'
- 표 5.5(SNCF)는 동일한 접근법을 사용했으나, 이 질문군의 경우 4개로 구분 되었다.
  '만족'-'수용가능'-'중간'-'불충분'.
- 표 5.7(LiU)도 리커트 척도를 사용했으며, 이번에는 다음과 같이 5가지로 구분했다.

우수(조직은 특정 질문에서 설명한 기준을 모두 초과), 만족(조직은 특정 질문에서 설명한 기준을 합리적인 선에서 모두 충족), 수용가능(조직은 특정 질문 에서 설명한 정상적인 기준을 충족), 수용불가능(조직은 특정 질문에서 설명한 정상적인 기준을 충족시키지 못함), 결함(조직은 특정 질문에서 설명한 기준을 충족시킬 능력이 부족함).

- 표 5.9(ARPANSA)는 질문이 더욱 개방된 다른 스타일을 사용했다. 일부는 찬성/반대와 같은 응답보다는 상세한 응답유형을 원했다.
  질문의 한 예 : "미래의 안전, 보안 약점과 위협을 적절하게 예상하기 위해 직원의 기술과 역량을 개발하고 유지하는 시스템은 있는가?"
  일부는 다음과 같이 찬성/반대와 같은 응답을 요구하는 질문을 했다 : "이러한 예측을 하는 시스템이나 사람들이 정확하고 적절하게 예측을 할 수 있는 충분한 전문지식, 능력과 자원을 갖고 있는가?"

RAG는 일정기간 동안 반복적으로 관리해야 하기 때문에 표준형식의 진단질문을 이메일이나 웹 사이트를 통해 관리할 수 있다면, 대면회의나 인터뷰 등은 줄일 수 있다. 질문의 실제 서술적 표현과 제시는 인적요인과 사회과학의 모범사례에 주목해야 함은 말할 필요도 없다.

평가결과 제시방법

리커트 척도를 사용하는 뚜렷한 이점은, 막대 차트, 분기 막대그래프, 다중 원형 차트, 사각형 원형 차트 등과 같이 도표나 다양한 그래픽 렌더링에 직접 결과를 표시할 수 있다는 것이다. 결과를 보여주는 효과적인 방법을 선택하는 것은 평가가 일회성 측정이 아니라 프로세스 또는 개발관리를 지원하기 위한 반복측정이라는 점을 명심해야 한다. 따라서 한 가지 평가의 결과를 다른 평가 결과와 쉽게 비교할 수 있어 유용하다. 이러한 비교는 발생할 수 있는 어떠한 변화의 규모와 방향을 보여준다.

레이더차트 또는 스타플롯은 평가 결과를 제시하는 효과적인 방법이다. 레이더 차트는 각 스포크(Spoke)가 여러 질문 중 하나를 나타내는 다수의 등각 스포크를 사용하고, 스포크의 길이는 리커트 척도로 응답자가 어떻게 평가했는지를 비례적으로 나타내는 것이다. 그러나 여기서 관심사는, 리커트 척도가 통상적으로 사용하는 응답의 분포를 결정하는 것이 아니라, 응답의 평균 또는 중간값으로 표현 되는 것과 같이 전망(View)을 공유하는 것이다. 결과는 별모양의 다각형으로, 특정 역량에 대하여 답변이 분포되는 방식에 대한 명확한 특징을 보여준다.

그림 5.4는 (불특정) 조직에 대해 대응역량에 대한 평가가 어떻게 보이는지를 나타낸다. (질문은 표 5.2에 나와있는 포괄적인 질문군을 참조하고, 응답은 표준 5단계 리커트 척도를 이용한다. 이 예는 가상의 데이터다.) 이 조직의 경우 평가는 4개월 간격으로 수행한다고 가정한다. 만약 '1'의 값이 리커트 척도의 낮은 등급에

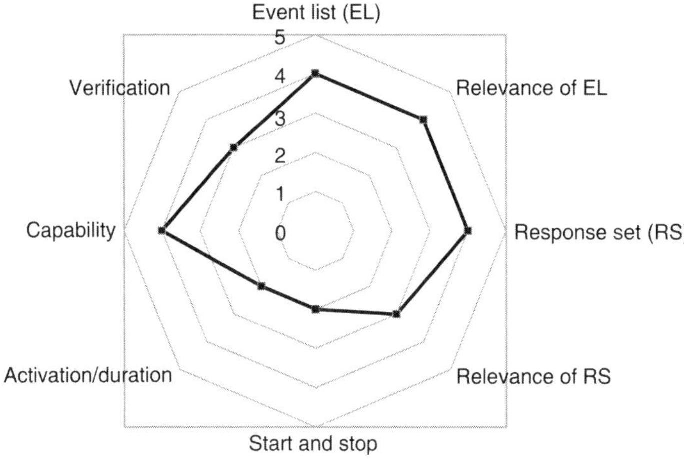

그림 5.4 대응역량의 평가(4번째 달)

해당하고 '5'의 값이 높은 등급에 해당한다면 그림 5.4의 4번째 달에 대한 불규칙한 다각형 모양은 모든 기능(질문에 의해 제기된)에 대해 응답자들이 만족하거나 심지어는 적절하다고 여기지 않는 것으로 보인다. 대응능력의 항목(시작/ 중지, 속도 그리고 지속기간의 관점에서)과 검증 항목과 같은 경우, 만족스럽지 않은 것으로 평가했다. 그런데 상황목록과 응답 세트(RS)항목은 모두 적절하다는 것과 그리고 필요한 경우 조직이 대응할 수 있는 충분한 자원이 따로 마련되어 있다고 답한 것을 눈여겨 볼 필요가 있다. 조직은 이 평가를, 3가지 다른 역량의 평가 맥락에서 볼 때 수용 불가능한 것으로 평가된 기능뿐 아니라 적절한 것으로 간주된 기능을 유지하고 향상시키는 방법을 계획하기 위한 기초로 사용해야 한다. 조직은 약점과 강점을 함께 살펴보고 4가지 역량을 구성하는 기능과, 4가지 역량 자체의 적절한 균형을 유지하기 위해 노력해야 한다. 평가 시 항목들이 '낮은' 점수만 나왔다면 RAG를 잘못 사용한 것이고, 별개로 분리되어 다루어지는 것은 더 좋지 않은 경우이다.

대응역량 개발

그림 5.4에 나타난 응답을 살펴보면, 8개 질문 중 4개의 답변은 분명 무엇인가 원하는 바가 있다는 것이고 나머지 4개의 대답은 수용 가능하다는 것이다. 상황은 다음과 같이 서술할 수 있다.

- 응답(RS)의 타당성, 조직이 대응할 수 있는 준비태세를 위한 상황이나 조건의 목록은, 받아들일 수 없는, '3'점에 해당한다.
- 응답의 시작기준이나 종료기준은 명확하지 않으며, 점수는 '2'점이다.
- 평가 답변에 따르면, 효과적인 대응을 활성화하는 데 너무 오래 걸리고 필요한 만큼 지속될 수 있는지 여부도 불확실하다(점수는 '2'점).
- 조직의 대응 준비가 정기적으로 검증되지 않는다(점수는 '3'점).

질문의 진단과 형성의 본질 때문에, 응답은 상황을 어떻게 개선하고 구체적인 개선활동을 제안하는지에 대한 유용한 출발점을 제공한다. 계속해서 동일한 예를 보면, 권고사항은 다음과 같을 수 있다.

- 상황목록에 있는 각 상황에 대해 준비한 대응을 검토한다. 검토는 대응에 실패했을 때만 하는 것이 아니라 주기적으로 이루어져야 한다. 문제가 없는 상황이었다 하더라도, 조직이 완벽하게 준비하였다기보다는 '행운'일 것이다.
- 평가에서 보여주는 시작과 중지의 기준은, 적어도 응답의 부분집합에 대해서는, 불명확한 것으로 나타났다. 따라서 계획된 각 대응을 통해 조건이 명확하고 확실하게 서술되어 있는지 또는 개정이 필요한지 여부를 검토하는 것이 타당하다. 중지 기준과 마찬가지로, 대응을 재개할 수 있는 시기와 방법을 추가로 고려해야 하는 것이 조직의 일차 기능이다. 이것이 실패하면 조직적 자기만족에 빠져있는 것이다.
- 대응의 시작 조건과 실행 간 지연이 너무 큰 경우, 조직은 준비가 적절한지 특히 자원이 올바르게 배정되었는지 여부를 고려해야 한다. 이것은 조직의 목표와 우선순위에 대한 재평가로 이어질 수 있다. 어떤 상황은 즉각적인 대응이 필요할 수 있고, 지연이 용인될 수 있는 것도 있을 것이다. 그러나 그 구분을 신중하게 해야 하고, 그것이 실전에서 (경험이나 교훈) 얼마나 효과가 있었는지, 어떻게 (제한된) 자원을 배정했는지의 관점에서 고려해야 한다. 실제 상황에서도 '충분하게'의 의미를 포함하여—대응을 충분히 오래 유지할 수 있는 능력에 대해서 비슷한 고려사항이 만들어져야 한다.
- 마지막으로, 조직은 실제로 대응할 준비가 되어 있는지를 수립하는 방법을 검토해야 한다. 예를 들어, 한 번만 시행되고 다시는 일어나지 않을 안전사례에 의존하는가? 시간이 지나면

서 자원(자재, 역량)에 대한 요구사항이 변경되거나 일부 자원이 악화될 수 있다는 점을 고려하고 있는가? 체크리스트나 부정적인 보고서에 의존하는가 또는 직접 책임이 있는 사람들의 관점을 적극적으로 조사하는가? 대응의 준비성은 주기적으로 점검하는가 아니면 심각한 상황 후에만 점검하는가?

나머지 4항목의 질문에 대해서는 해당기능이 수용 가능하다는 등급을 받았다. 그래서 시급하게 다루지 않아도 되는 것처럼 보일 수 있다. 그러나 모든 조직은 안전이 '동적 사건(Dynamic event)' 임을 기억해야 한다. 평가의 허용 가능한 결과는 그 자체로 발생하는 것이 아니라, 지속되어야 하는 특정 노력으로 인한 것임을 의미한다. 불만족스러운 부분을 개선하기 위한 것이므로, 주의를 기울이는 것만큼 조직이 잘하는 부분을 지원하는 것 또한 중요하다.

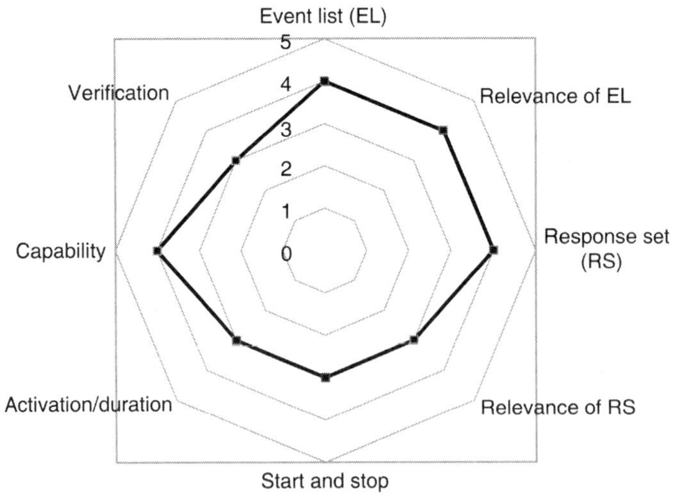

그림 5.5 대응역량의 평가(8번째 달)

예를 계속 들면, 동일한 조직이 4개월 후에 평가를 수행하여, 그림 5.5에 나온 결과를 산출했다고 가정한다. 두 평가의 차이점은 쉽게 알 수 있으며, 조직이 올바른 방향으로 발전하는지 여부와 특정한 해결책이 집중해야 하는 부분을 결정하는 데 사용할 수 있다. 두 번째 레이더차트는 개선된 부분과 개선이 아직 이루어지지 않은 부분을 보여준다. 그림 5.5를 보면 다음과 같은 변화가 눈에 띈다.

- 응답(RS)을 수정하는 데 사용된 노력이 성공하지 못했다. 아마도 변경 사항을 적용하는데 시간이 오래 걸렸거나 결과가 나타나려면 4개월 이상 소요되기 때문일 수 있다.
- 대응 시작 및 중지기준이 '2'점 대신 '3'점으로 더 나아졌다. 그러나 여전히 개선의 여지가 있으므로 조직은 계속 노력해야 한다.
- 효과적인 대응이 얼마나 빨리 시작되고/지속될 수 있는가에 관한 것도 약간의 개선이 있었다. 그래도, '3'점은 충분히 만족스럽지 않을 수 있으며 조직은 노력을 기울여야 한다.
- 마지막으로, 대응 준비를 검증하는 방법에 기대했던 개선이 없었다. 그 이유는 첫 번째 요점(응답의 타당성)과 동일할 수 있다.

선택한 해결책이 적절하지 않았거나 또는 조직이 어떻게 작동하는지를 너무 단순하게 이해했기 때문에, 기대했던 개선이 이루어지지 않았을 수도 있다. 후자의 경우 조직이 어떻게 작동하는지 정확한 이해를 전개하기 위한 추가적인 노력이 필요할 수 있다. 이것을 어떻게 실행할지 다음 장에서 설명한다.

그림 5.5의 레이더차트는, 다행스럽게도 조직이 4가지 기능을 유지하는데 성공했다는 것을 보여준다.

진단적 질문과 형성적 질문(Diagnostic and Formative Questions)

이번 장의 시작부분에서 지적했듯이, RAG의 질문은 진단적이며 형성적이어야 한다. 그것들은 역량 또는 역량의 측면에서 중요한 구체적이고 실제적인 문제에 초점을 맞춘다는 점에서 '진단적'이어야 한다. 또한, 질문에 대한 답이 가능성을 향상시킬 수 있는 구체적인 활동이나 개입을 제안하기 위한 기초가 될 수 있다는 점에서 '형성적'이어야 한다. 질문의 진단적 및 형성적 측면은 4가지 예를 통해 설명할 수 있다.

대응역량

대응역량(표 5.3)의 실제 기능을 다루기 위해 사용된 질문 중 하나는 "우리는 상황목록 및 행동계획을 체계적으로 재검토하고 개정한다."는 것이었다. 이 질문은 조직이 체계적으로 대응역량의 상태를 유지하기 위해 조건이나 상황을 다시 보는지 여부를 확인하기 때문에 진단적이다. 조직이 특정상황이나 조건에 대한 대응역량이 있는지의 여부뿐만 아니라, 상황 및 조건 목록의 관련성을 체계적으로 고려하는지의 여부도 질문이 된다. 응답들은 무엇을 해야 하는지 명확하게 알려주기 때문에 질문은 형성적이다. 목록이 적절한 경우, 조직은 그것을 유지하기 위해 절차를 밟아야 한다.

적절하지 않거나 적절한 것처럼 보인다면 그것을 극복하기 위해 무엇인가 해야 하는데, 예를 들어 목록을 수정하기 위한 계획을 도입 및 지원하고, 자격을 갖춘 직원에게 우선순위–시간, 인력, 자원–를 부여할 수 있다.

감시역량

감시역량의 실제 기능(표 5.5)을 다루기 위해 사용된 질문 중 하나는 "조직은 선행지표를 이용한다" 이다. 이 질문은 조직이 후행지표에 독점적으로 의존하는지 또는 후행지표와 선행지표를 결합하여 사용하는지의 여부를 묻기 때문에 진단적이다. 이것은 기원이나 또는 출처와 관련하여 사용되는 지표, 문서화된 실질적 가치 등을 면밀히 살펴봄으로써 추구할 수 있다. 조직이 후행지표에만 의존한다는 부정적인 대답이, 감시역량을 개선시킬 수 있는 방법을 고려하기 위한 출발점이 될 수 있기 때문에 이 질문도 형성적이다. 이러한 개선은 분명히 조직의 요구에 맞게 조정되어야 한다. 그러나 모든 조직은 동향에 대해 어느 정도 주목해야 하며, 단기 및 중기 발전계획에 주의를 기울여야 한다. 그렇게 하는 것이 항상 쉬운 것은 아니지만, 그것이 전혀 수행되지 않았다는 것을 아는 것은 무언가가 바뀌어야 한다는 분명한 경고이다.

학습역량

학습역량의 실제 기능(표 5.7)을 다루기 위해 사용된 질문 중 하나는 "보고서 제출에서 대응까지의 시간은 허용된다"이다. 이 질문은 학습을 위한 중요한 조건, 즉 상황의 기억이 여전히 생생하고 작업조건이 너무 많이 바뀌기 전에 정보를—또는 피드백을—이용할 수 있게 만드는 중요한 조건을 질문하기 때문에 진단적이다.

며칠이나 몇 주가 아닌, 수개월 또는 수년간 너무 길게 지연이 된다면(그림 5.3 참조), 정보는 더 이상 의미가 없다. 담당직원이 바뀌고, 작업의 성격도 변경되었을 수 있고 또는 운용환경도 바뀌었을 수 있다. 어느 경우이더라도 더 이상 의미 없는 응답이므로, 단순히 파일에 보관되거나 데이터베이스에 추가될 뿐이며 유용한 학습은 될 수 없다. 이 질문의 부정적인 대답은 구체적인 목적을 가진 개선행동을 지적하기 때문에 형성적이다. 보고서를 분석하고 응답을 형성하는 데 걸리는 시간을 줄인다. 물론 해결책은, 단지 일의 속도를 높이거나 왕복시간을 줄여달라는 사람들의 요구만이 아니다. 개선 조치는 보고서 처리방법, 관료주의 또는 행정구조, 조직의 우선순위, 유능한 직원의 능력 등에 대한 철저한 이해를 기반으로 해야 한다. 예를 들어, 보고서 작성 및 제출방법, 정보처리 및 분석방법 또는 분석방법을 문서화하고 보고하는 방법에 중점을 둘 수 있다.

예상역량

예상역량의 실제 기능(표 5.9)을 다루기 위해 사용된 질문 중 하나는 “예측 정보가 조직의 관련부서에 전달되도록 하기 위해 어떤 시스템이 있는가?”이다. 이 질문은 조직의 내부 의사소통이 얼마나 효과적인지, 특히 조직의 미래를 위한 예측과 기대치 같은 ‘비

–기술적' 정보에 관해서 잘 보여주기 때문에 진단적이다. 조사되어야 할 세부사항은, 밀고 당기는 것 같은 소통형태인지, 대상 청중(수취인)은 누구인지, 대상 청중이 관심을 갖고 이해할 수 있는 방식으로 예상이 서술되어 있는지, 얼마나 자주 하는지, 특별한 관심을 받았는지 등의 소통형태일 수 있다. 이 질문은 의사소통을 개선하는 방법에 대한 구체적인 제안을 쉽게 제기할 수 있으므로 형성적이다. 이 경우, 다른 모든 경우와 마찬가지로, 이러한 제안은 실행되기 이전에 의도적이거나 의도하지 않은 효과 모두를 신중히 고려해야 한다.

레질리언트한 수행을 위한 역량관리에 RAG 사용방법

RAG(Resilience Assessment Grid)의 특정 사용을 위해 개발된 일련의 RAG 진단질문은 쉽게 평가될 수 있도록 만들어져야 한다. 그러므로 조직의 수행력에 대한 구체적인 관계 또는 특성, 응답자가 경험한 것 또는 조직의 문서 등에 서술된 내용을 참조해야 한다. 이것은 질문자체가 레질리언트 역량을 개선시키기 위한 해결책의 기초역할을 할 수 있다는 추가적인 이점이 있다.

RAG의 목적은 레질리언트한 수행을 위해 조직역량을 관리, 개발하는 데 사용할 수 있는 명확한 특성(또는 프로파일)을 제공하는 것이다. RAG는 조직이 어떻게 변화하고 발전하는지 추적하기 위해 주기적으로 실행한다. 그러면, 효과적으로 수행관리를 가능하게 하는 전제조건으로, RAG는 조직의 변화를 감시하는데 이용할 수 있다. RAG는 개별적이고 전반적인 능력이 아니라 구성요소 기능의 관점에서 역량을 서술한다. 각 구성요소 기능에 대해 원하는 변화를 만들기 위해 가능한 수단을 비용, 특수성, 위험 등의 측면에서 개발하고 평가할 수 있다. 4가지 역량의 구성요소 기능은 조직간 크게 다를 수 있으므로, 표준적 또는 일반적인 해결책은 없다. 그러나 기능을 일단 분석하고 목표가 정해지면 잘 알려진 다양한 접근법을 적용할 수 있다.

이것은 그림 5.4에 보이는 바(가상)와 같이 설명할 수 있다. 예를 들어, 대응 기능의 시작과 중지는(표 5.2), 출발점의 기준이나 한계점이 잘 규정되었는지, 상대적인지 절대적인지, 대응을 중지하고 "정상"상태로 돌아가는 명확한 기준이 있는지? 검토하여야 한다. 4번째 달(그림 5.4)에 표시된 평가에서, 응답은 '수용 불가능'이다.

추가적인 조사를 통해 문제가 '정상'상태로 재설정된 경우 명확한 기준이 없기 때문인 것으로 밝혀졌다고 가정한다. 경영진은 이를 특정한 개선이나 해결책의 기초로 사용할 수 있다. 그 결과는 8번째 달(그림 5.5)의 평가에서 보이는 것과 같이, 같은 질문에 대한 응답은 '수용 가능'이다. 이 예제는 가상이지만, 실제로 RAG가 이용될 수 있는 방법을 제시한 것이다.

변화관리 측면에서, RAG는 현재 상황의 프로파일을 생성하기 때문에 유용하다. 그러한 프로파일을 위해서는 세부사항의 수, 즉 해결책의 정도가, 분명 높을수록 바람직하다. 따라서 4가지 역량만을 이용하는데 설상가상으로 안전문화 수준이나 레질리언스 수준과 같은 획일적인 구조를 이용하면 너무 개략적이고 부정확하게 된다. 변화를 관리하는 목적으로 다른 조직과의 비교도 유용하지 않다. 다른 조직보다 나은 기업 또는 업계의 리더가 되는 것이 결코 그 자체로 목표가 될 수 없으므로, 실질적 목표가 될 수는 없지만, 의도한 방향으로 조직의 수행력을 변화시키는 것은 목표가 되어야 한다. 평가는 항상 구체적이어야 하며, 이는 잘 알려진 조직에 맞춰 조정되어야 함을 의미한다.

요약하면, RAG를 사용할 때 기억해야 할 5가지 중요한 점이 있다.

- 특정 조직을 위해 진단적이고 형성적인 맞춤형 질문을 개발한다. 이것은 조직이 기능하는 방법에 대한 실질적인 경험을 기반으로 해야 한다. 이러한 경험은 대상 그룹, 토론 그룹 또는 이와 유사한 것을 이용하여 얻을 수 있다. 진단질문을 개발할 때 응답의 범위에 동의하는 것도 중요하다. 조직의 기능과 관련하여 이미 알려진 쟁점이나 문제가 있는 경우, 4가지 역량 중 어디에 이러한 문제점을 포함시키려는지 시도해야 한다.
- 4가지 역량의 상호의존성에 대한 설명이나 모델을 개발한다. 이것은 RAG에 의해 수집된 데이터를 해석하고 효과적인 대응(개선 조치)을 이해하는데 필요하다. 이러한 표현이나 모델은 관리대상 조직에 따라 달라야 한다. 일반적 모델을 시작점으로 제안하는 것은 가능하지만(제6장에서 서술), 모델은 실제의 조직에 맞춰 조정되어야 한다. 더 중요한 것은, 모델은 4가지 역량 간 결합뿐만 아니라 각 역량의 진단질문에 의해 나타나는 상세한 실제 기능에 의존하는 방법으로 표현해야 한다.
- RAG를 응답자, 즉 실제로 작업을 수행하는 사람들에게 적용한다. 결과를 대조하여 이해당사자와 응답자들 그리고 조직

전체에 제시한다. 결론과 변화가 필요한 부분에 대해 토론한다. 변화를 야기하는 개선 조치를 설계한다.

- 안정적인 응답자 군과 더불어, 일련의 평가에 대한 답변을 제공하는 사람들이 동일한 사람들이 되도록 한다. RAG에 대한 답변을 얻는 목적은 응답자간의 태도와 견해를 분배하는 것이 아니라, 그들이 대표하는 공통견해를 인식하는 것이다.
- 장기적으로 RAG를 이용할 준비를 하고, 단일 측정이나 평가보다는 반복되는 평가를 수행한다. 조직의 수행력을 관리하고 변화시키는 것은, 수행이나 기준의 유형에 관계없이, 오랜 시간동안 지속적으로 수행해야 한다.

마지막으로, 각 역량(제7장)과 관련된 기능처럼 4가지 역량은 상호의존적(제6장)이라는 점을 명심 하는 것이 필수적이다.

Chapter 06

RAG - 레질리언트한 수행모델을 향하여

RAG는 일련의 특정 진단질문을 개발할 수 있는 기초를 제공하지만 규격품으로 바로 사용하지 않는다. 진단질문은 특정 조직에 적용되어야 하기 때문에, 항상 재해명되고 재구성할 필요가 있다.

제5장에서는 평가를 어떤 식으로 등급을 매길 것인가, 결과를 어떤 방법으로 제시할 것인가에 대한 원리를 간단하게 설명했다. 레이더차트는 다양한 항목의 평가방법을 간결하게 나타낸 것으로, 조직이 특정 시점에서 4가지 각각의 역량을 어떻게 수행하고 있는지를 보여준다. 조직이 어떻게 실패했는지에 대한 기억장치(Snapshot)인 사고 조사와 달리, RAG는 조직이 얼마나 잘 수행하고 있는지를 정당하게 보여주는 기억장치로 볼 수 있다.

레질리언트한 수행을 위한 4가지 역량은 상호 의존관계라고 여러 번 언급했다. 이는 4가지 역량에 대한 정의(제4장)와 세부설명(제5장)에서 명확하게 나타난다. 4가지 역량이 서로 의존하는 방식은 그 관리방식에 영향을 미친다. 상호간 독립적으로 관리하는 것은, 바람직하지도, 실제로 가능하지도 않다. 이 점에 있어 RAG의 이용과 레질리언트한 수행에 대한 아이디어는 시스템 안전에 대한 다른 많은 접근방식과 다르다. 특히, 모든 지배적인 위치를 안전문화의 탓으로 돌리는 것과는 다르다.

어떤 기준과 관련하여 조직을 효과적으로 관리하고 수행력을 향상시키기 위해서는 레질리언스, 안전성, 품질 또는 다른 무엇보다 4가지 역량이 상호 의존하는 방법을 이해해야 한다. 그 초기의 분석은 어떻게 정의되고 서술되는가로부터 도출될 수 있다. 그러나 이러한 이해는 보다 실제적이거나 운용적인 형태로 제공되어, 특정의 변화를 권장하고 그 결과를 분석하기 위한 기준 역할을 할 수 있어야 한다. 이러한 방식으로 그 이해는 조직의 기능 방법에 관한 모델로서 제공되고, 기본적 활동(예 : 생산, 유통 또는 운송)이 아닌, 수행하는 일을 제어하는 방법과 안전, 생산성, 품질 같은 특정한 측면을 관리하는 방법을 제공한다.

조직의 구조적 모델

조직 구조의 묘사나 조직 플로우(예를 들어, 정보 또는 제어)의 설명으로써 조직 모델을 찾는 것은 어렵지 않다. 첫 번째 유형은, 공식적인 조직 구조를 나타내는, 지원측(임원, 지휘관)이 위에 있고 현징측(작입자, 군인)이 아래에 있는 정형화된 계층적 모델로 표현된다. 계층적 조직의 일반적인 모델은 그림 6.1에 나와 있다. 이 모델에서 구성요소(사각형)는 조직의 역할, 부서 또는 과를 나타낸다. 관계는 상위–종속 관계–또는 누가 누구를 제어하는

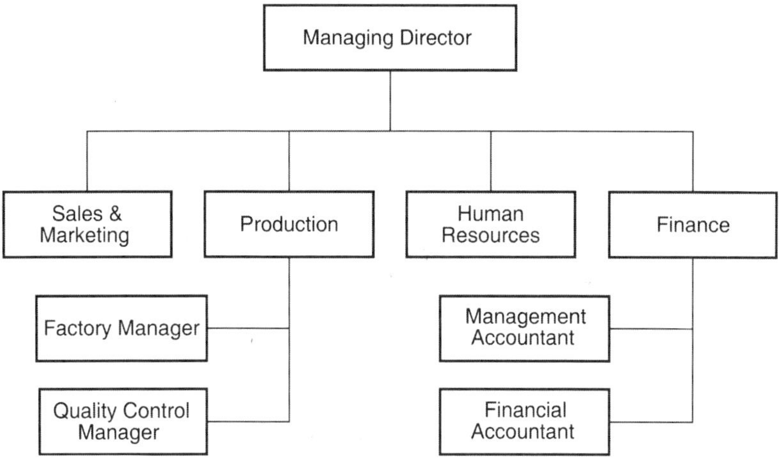

그림 6.1 일반적, 계층적 조직모델

전형적인 계층구조이다. 예를 들어, 생산부서가 공장 관리자를 제어하고, 생산부서 자체는 관리이사가 제어한다.

두 번째 유형의 모델은, 조직을 통한 제어(영향, 리더십, 정보 등) 플로우를 나타내는 표준적인 입력–처리능력–출력 형식을 기반으로 하며, 한 두 개의 피드백루프가 추가될 수 있다. 그림 6.2의 예에서, 입력은 '외부 환경'으로, 출력은 '개인 및 조직의 수행'으로 표시되었다.

모델의 구성요소(사각형)는 더 이상 조직의 부서나 과가 아닌 조직의 수행력에 필수적인 것으로 인정될 요소를 나타낸다. 이 모델은 이러한 요소들이 서로 영향을 미치는 것을 나타내고 있지만 조직의 기능에 대한 서술은 없다. 이 모델은 "개인 및 조직의 수행"을 서술하고 있지만, 조직의 기본 활동이 무엇인지와 같은 수행에 대해서는 서술하지 않는다.

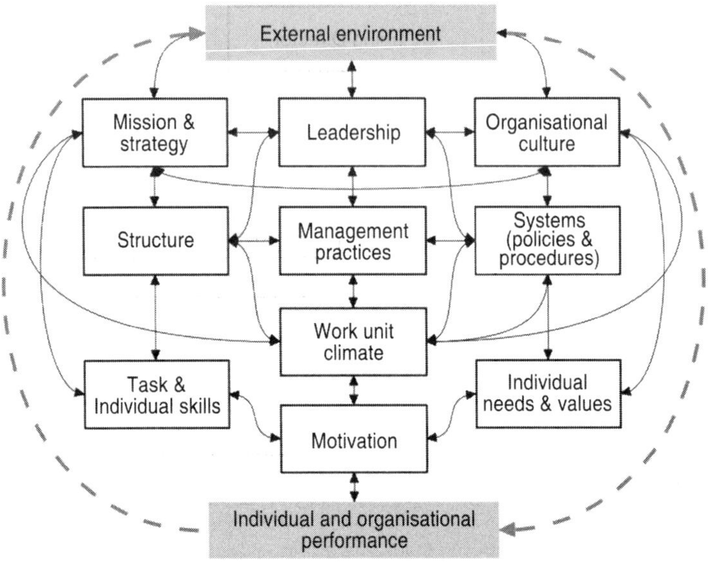

그림 6.2 조직적 수행과 변화의 인과관계 모델(Burke & Litwin, 1992)

세 번째 유형은 균형성과표(Balanced Score Cards; Kaplan and Norton, 1992)로 알려진 전략적 관리시스템의 필수부분인 전략체계도(Strategy map)이다. 전략체계 또는 조직이 4가지의 BSC 목표(재무, 고객, 내부 프로세스, 학습과 성장)에 있어서 상호간 분명한 인과관계와 전략적 목표를 연결하여 가치를 창출할 수 있는 방법을 서술하는 도표이다. 전략체계도는 가치창출을 위해 전략을 서술하는 BSC 체계의 전략적인 부분이다.

전략체계도는 그림 6.3에서 '재무', '고객', '내부 비즈니스 프로세스' 그리고 '학습과 성장'의 관점으로 구성된다. 각 관점은 다수의 특정목표로 구성되어 있다. 예를 들어, '고객'은 '고객의 기대치 초과'와 '충성도 고취'라는 두 가지 목표를 갖고 있다. 목표는

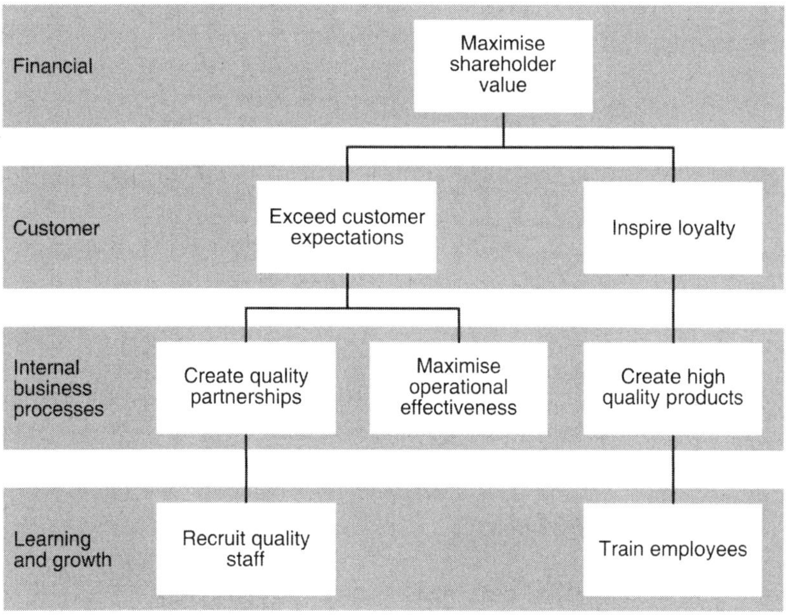

그림 6.3 일반적인 BSC 전략체계도

전체 관점에 걸쳐서 전략적 주제에 의해 수직적, 수평적으로 연결될 수 있다. 전략적 주제는 전략이 결과에 대한 목표를 어떻게 창출할 것인가에 대한 조직의 가설을 나타낸다.

전통적 구조(Structural) 모델의 가장 큰 단점은 그림 6.2에서 '임무와 전략', '관리 기법' 그리고 '동기부여'와 같이 다양한 요인으로 고정된 구조 또는 조직을 서술한다는 것이다. 구조 모델은 조직의 주요 부분 또는 구성요소를 식별하고 다양한 구성요소들 간의 관련성과 연결방법을 보여준다. 그림 6.1에서, '재무'는 '관리 회계사' 및 '재무 회계사'와 연결되어 있는데, 이는 이전에 관리하던 것을 나중에는 두 가지를 같이 관리한다는 의미이다.

그림 6.2에서, '과제 및 개인 기술'은 '임무 및 전략', '구조' 그리고 '동기부여'와 연결되었다. 그리고 그림 6.3에서, '고품질 제품 만들기'는 '충성도 고취' 및 '직원 교육'과 연결되었다. 그러나 연관성은, 즉 '화살표'는, 영향력이나 연관성이 무엇인지에 대한 어떠한 세부정보도 제공하지 않고 두 구성요소가 어떤 방식으로든 서로 의존한다는 것을 의미한다. (양방향 화살표로 상황은 개선되지 않는다. 양쪽 방향으로 영향이 있다는 것을 나타내지만, 이것이 한 방향으로의 영향이 정반대 방향에 반대 영향을 의미하는가?)

조직업무의 기능적 모델

대안(Alternative)은 부분적인 것이나 구성요소(조직 구조)보다는 기능을 서술하고 상호 의존하는 기능과 의존성의 형태를 명확히 설명하는 모델을 개발하는 것이다. RAG의 경우, 자연스런 시작점은 레질리언트한 수행을 위한 4가지 역량이다. 역량은 어떤 일을 해내는 조직의 수행능력을 나타내기 때문에, 역량이 기능을 나타내는 것이라고 생각하는 것은 자연스러운 일이다. 예를 들어, 대응역량은 대응기능으로 표현될 수 있으며 공식적으로 <대응하다>라는 기능으로 나타낼 수 있다. 다른 3가지 역량도 마찬가지다.

기능공명 분석방법(FRAM; Hollnagel, 2012)은 조직이 어떻게 작동하는지에 대한 기능 모델을 생산하는 체계적인 방법을 제공한다. 이 경우 4가지 기능을 나타내는 4가지 역량을 고려하여 시작한다. (FRAM 입문서는 이 책의 마지막부분에 있다.) 기본 원칙은 기능이 무엇인가를 서술하는 것이 아니라 무엇을 하는지를 서술하는 것이다. 그것은 결과나 출력(Output)으로 설명되고 그 결과를 생산하기 위해 필요한 것이 무엇인가에 의해 설명된다. 따라서 기능에 대한 설명은 일반적으로 입력 및 출력을 포함하지만, 전제조건, 자원, 제어 그리고 시간이라는 4가지 다른 측면도 포함된다. 전제조건은 기능이 시작하기 전 사실이거나 검증되어야 하는 것을 나타낸다. 자원은 기능이 수행되는 동안 필요하거나 소비되는 것을 나타낸다. 제어는 기능이 수행되는 동안 관리하거나 규제하는 것을 나타낸다. 시간은 시간과 일시적 조건이 어떻게 기능의 수행방법에 영향을 줄 수 있는지 다양한 방법으로 나타낸다. (FRAM 사용법에 따라 기능의 명칭은 <대응>처럼 꺽쇠괄호를 사용하고, 측면(Aspects)은 [우선순위 영역]처럼 대괄호를 사용한다.)

기능으로서의 4가지 역량

<대응> 기능–또는 더 정확하게 <대응하다>–은 주어진 상황에서의 조직의 수행을 나타낸다. 따라서 기능의 출력은 단순한 [대응] 또는 조직이 상황을 다시 제어하기 위해 취하는 행동이다. <대응> 기능은 무엇보다, 대응의 조건이나 시작을 나타내는 입력이 필요하다. 이 예제에서 두 개의 주요 입력은 외부 프로세스에서 오는 [중단]과 <감시> 기능에서 오는 [경보]이다. (그림 6.4에 나와 있진 않지만, 추가로 가능한 입력사항은, [신규수요]인데, 예를 들어, <생산관리>와 같은, 기능에서 나오는 출력이 될 수 있다.) 외부 프로세스는 조직의 기본활동은 물론 조직의 운용환경에서 일어나는 일도 나타낸다. 모델에서는, 예를 들어 <기본기능 수행>이라

는 단일기능 하에 포함될 수 있다.

FRAM에서 규정한 서식을 사용하면, <대응하다> 기능은 다음과 같이 나타낼 수 있다(표 6.1).

표 6.1 대응역량에 대한 FRAM 설명

기능 명칭	대응
설명	발생한 상황이나 발생할 수 있는 상황에 대응하는 조직의 능력
측면	측면 설명
입력	경보 중단
출력	대응
전제조건	(없음)
자원	(없음)
제어	(없음)
시간	(없음)

<감시> 기능은 조직 자체뿐 아니라 조직의 운용환경과 조직 내에서 어떤 일이 발생하고 있는지 이해하고 유지하기 위한 활동이다. <감시>의 한 가지 중요한 출력사항은, 위에서 서술한 것처럼, <대응> 기능에 입력으로 사용되는 [경보]이다. 가능한 또 다른 출력은 경보일 수 있지만, 모델의 첫 번째 빈복진개(Iteration)에서는 고려할 필요가 없다. <감시> 기능의 입력은 조직에서 주시하는 기본기능의 관련지표 및 측정값이다. 이들 중 하나의 예는 외부 프로세스가 어떻게 발전해 나가는지를 특징짓는 [프로세스 동향]일 수

있으며 <기본기능 수행> 기능으로 나타낼 수 있다. 감시는 계획되고 관리되어야 하며 제어되어야 한다. <감시>에 대한 제어는 <예상> 기능의 합리적인 출력일 수 있는 [우선순위 영역]일 수 있다. <감시>는, 지표를 얼마나 자주 확인해야 하는지를 특정해주는 [표본빈도]로 불리는, 시간, 일시적 측면을 가질 수 있다. [표본빈도]는 합리적으로 <학습> 기능의 출력이 될 수 있다.

FRAM이 규정한 서식을 사용하면, <감시하다> 기능은 다음과 같이 나타낼 수 있다(표 6.2).

표 6.2 감시역량에 대한 FRAM 설명

기능 명칭	감시
설명	조직의 주변과 내부에서 발생하는 상황을 감시하는 능력
측면	측면 설명
입력	프로세스 동향
출력	경보
전제조건	(없음)
자원	(없음)
제어	우선순위 영역 교훈
시간	표본빈도

<학습> 기능은 조직이 정보를 모으고 이용 가능한 경험을 활용하는 것을 나타낸다. 학습역량은 분명히 많은 것을 포함할 수 있지만, 모델의 첫 번째 반복전개를 위해 단일기능으로 역량을 표현하

는 것은 합리적이다. 물론 <학습>의 주요입력은 <대응하다>의 출력인 [대응]이다. 조직은 일반적으로 [대응]을 평가하여 성공여부를 결정한다. 이것은 대응이 예상한 결과가 나오지 않을 때 주로 수행하지만, 성공적이었을 때만큼 중요하다. 이러한 평가에서 나온 하나의 출력을 간단하게 [교훈]이라 할 수 있다. [교훈]은 결국 <예상>의 필수 입력이 될 수도 있고 <감시>의 제어가 될 수도 있다. <학습>의 또 다른 출력은 <감시>의 시간 입력인 [표본빈도]가 될 수 있다.

FRAM이 규정한 서식을 사용하면, <학습하다> 기능은 다음과 같이 나타낼 수 있다(표 6.3).

표 6.3 학습역량에 대한 FRAM 설명

기능 명칭	학습
설명	조직의 학습능력
측면	측면 설명
입력	대응
출력	교훈 표본빈도
전제조건	(없음)
자원	(없음)
제어	(없음)
시간	결과의 지연

마지막으로, <예상> 기능은 조직이 미래에 일어날 상황을 생각하는 방식을 나타낸다. 한 가지 중요한 입력사항이 분명 [교훈]인

이유는 무엇이 잘 되고 잘 되지 않았는지를 요약한 것이기 때문이다. <예상>의 결과 또는 출력은 이미 언급한 [우선순위 영역]이 될 수 있으며, <감시> 기능을 총괄하거나 제어하는 데 사용할 수 있다. FRAM이 규정한 서식을 사용하면 <예상하다> 기능은 다음과 같이 나타낼 수 있다(표 6.4).

표 6.4 예상역량에 대한 FRAM 설명

기능 명칭	예상
설명	미래에 일어날 수 있는 상황을 예상하는 조직의 능력
측면	측면 설명
입력	교훈
출력	우선순위 영역
전제조건	(없음)
자원	(없음)
제어	(없음)
시간	(없음)

<대응>, <감시>, <학습>, <예상>의 4가지 기본 기능에 더하여, 첫 번째 반복 전개에서 <기본기능 수행>과 <제어 회복>이라는 두 가지 기능이 추가되었다. 모두 타당하다. 배경기능 중 하나인, <기본기능 수행>은 조직이 실제로 수행하거나 생산하는 재료 또는 서비스를 나타낸다. 다른 배경기능인 <제어 회복>은, 상황을 제어하는 상태 하에서 대응으로 정의되는 활동을 나타낸다. 새로운 두 가지 기능에 대한 근거는 기능에 정의된 모든 측면(Aspect)이, 여기

에서 네 가지 기본 기능은, 어느 측면으로부터 나왔거나 어느 측면으로 가야 한다는 것이다. 무엇이든 무에서 생기지 않으며 또한 무로 사라지지도 않는다. FRAM에서 한 측면은 항상 최소한 두 가지 기능과 연관되어야 한다고 명시한다. 출력으로 정의된 측면은 적어도 하나 이상의 기능과 연관되어야 한다. 그리고 측면은 입력, 전제조건, 자원, 제어 또는 시간 중 어느 하나로 이용될 수 있는 다른 기능이 적어도 하나 더 있어야 한다.

FRAM 용어에서 새로운 두 기능은 처음부터 배경기능으로 분류되었다. 이 내용은 다음과 같이 서술할 수 있다(표 6.5와 6.6).

표 6.5 〈기본기능 수행〉의 FRAM 설명

기능 명칭	주요기능 수행
설명	수요를 충족시키는 것은 정상적 생산과 더불어 대응의 필요성을 창출할 수 있는 일반적인 배경기능이다.
측면	측면 설명
입력	(없음)
출력	중단 프로세스 동향
전제조건	(없음)
자원	(없음)
제어	(없음)
시간	(없음)

표 6.6 〈제어 회복〉의 FRAM 설명

기능 명칭	제어 회복
설명	대응은 시스템 제어를 재설정한다(내부/외부 개발)
측면	측면 설명
입력	대응
출력	(없음)
전제조건	(없음)
자원	(없음)
제어	(없음)
시간	(없음)

두 개의 새로운 기능이 도입됨에 따라, 모델의 첫 번째 반복전개가 완료되었다. 기능으로서의 4가지 역량에 대한 의도적인 분석결과는 그림 6.4에 그래픽으로 표시했다(FRAM은 기능을 육각형으로 표현한다). 기본 FRAM 모델의 그래픽 렌더링은 4가지 기능(레질리언스의 4가지 역량)이 서로 의존하는 기본 방법을 나타내고 조직이 어떻게 작동하는지를 이해하는 첫 단계를 설명한다. 첫 번째 버전 모델에서 조차도 4가지 역량을 각각 별도로 관리하는 것은 바람직하지 않다는 것을 분명히 보여준다. 변화나 개선에 대한 어떤 제안이라도 한 기능이나 역량의 변화가 다른 기능이나 역량에 미치는 영향을 고려해야 한다. <감시>기능에 해당하는, 감시역량의 예를 들어보자. 표 5.4에서 하나 이상의 (일반적인) 질문에 대한 대답이 감시 방식을 개선할 필요가 있다고 가정한다. 이는 예를 들어, 빈도나 민감성 면에서 감시 방법을 변경함으로써 이루어

질 수 있지만, 감시가 주시하는 지표 목록을 개정함으로써 이루어질 수도 있다. 그 목록은 본질적으로 <예상>의 출력인 [우선순위 영역]이며, 이는 감시의 개선사항에는 예상이 어떻게 일어나는지에 대한 연구도 포함해야 함을 의미한다.

그림 6.4에서, FRAM 모델의 기능은 4개의 육각형으로 표현되었다. (배경기능은 음영 처리된 상자로 표시되었다.) 각 기능은–기능명칭에 해당하는–하는 일을 서술할 뿐 아니라 기능의 작동방식에 영향을 줄 수 있는 여섯 가지 측면으로도 설명한다. 그렇다고 해서, 모든 기능의 모든 측면을 서술할 필요는 없다. 여섯 측면은 육각형의 각 꼭지 점에 있는 문자로 표현되었다 : 입력(I), 출력(O),

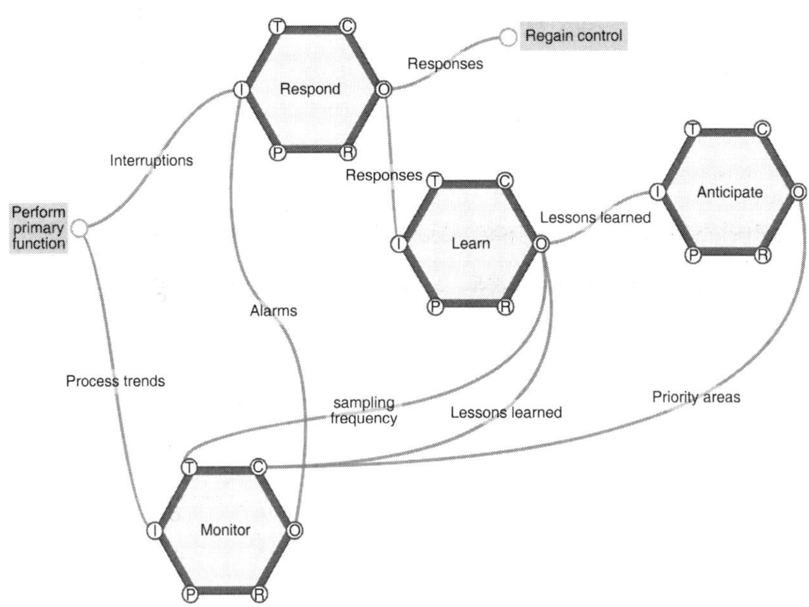

그림 6.4 FRAM을 이용한 4가지 역량의 기본모델

전제조건(P), 자원(R), 제어(C) 그리고 시간(T). FRAM의 체계화를 설명하기 위해, 기본모델은 주로 4가지 역량을 나타내는 4개 기능의 입력과 출력을 서술한다. 기본 모델은 더 세부적인 모델의 시초에 불과하고, 그러므로 더 현실적인 모델의 시작점일 뿐이다.

세부 모델

기본 FRAM 모델은 각각의 기능을 자세히 고려하여 더 발전시킬 수 있다. 이는 추가기능의 도입으로 이어질 가능성이 높고, 그래서 연구가 더 지속되어야 한다. 모델의 첫 번째 반복전개에서 조차 위에 서술한 두 가지 추가 기능이 필요했다. (이 문제가 어디로 이어질지 독자가 걱정하지 않도록, 이 방법에는 내장된 중지 규칙이 있다.) 그림 6.4에 보이는 기본모델의 전개는 <학습> 기능을 보면 알 수 있다. 모델을 완성하기 위해서는 물론 세 가지 다른 기능을 전개하여야 하지만 이는 독자들을 위한 연습으로 남겨 둔다(그림 6.6에 가능한 해결책을 제공한다). 전개는 그 기능의 6가지 측면을 고려하여 이루어지며, 원칙적으로 임의의 순서로 진행할 수 있다.

- **출력** : <학습>의 주요 출력은 [교훈]이다. 이것은 첫 번째 반복전개에서 일반적 용어로 사용되지만, 예를 들어 무엇이 잘 되었는지 또는 무엇이 잘못되었는지에 관해서, [교훈]이 가장 잘 유용하게 사용될 수 있는(디자인, 지시, 교육, 의사소통 등) 방법과 관련하여 분명히 다른 유형의 학습결과로 명시될 수 있

다. 모델 개발을 위해 더 흥미로운 문제는 다른 기능들이 <학습>의 출력을 사용하거나 의존할 수 있다는 것이다. [교훈]은 무엇보다도 <감시>를 제어하고 <예상>의 주된 입력으로 사용될 수 있다. 그러나 [교훈]은 두 가지 다른 기능에 입력될 수도 있다. 그 하나는, <지표목록 업데이트>로 불리는, [교훈]을 사용하여 일련의 [주요 수행 지표]를 생성할 수 있다. 다른 하나는, <대응과 감시 업데이트 및 개정>으로 불리는 [교훈]을 사용하여 <대응>을 제어하는 [계획 및 절차]를 수립하고 <감시>를 제어하는 [전략 감시] 또한 제공할 수 있다는 것이다. 이미 서술한 바와 같이, <학습>의 또 다른 중요한 출력은 <감시>의 수행 빈도를 명시하는 [표본 빈도]이다.

- **자원** : 학습하기 위해서는 일부 자원을 이용할 필요가 있다. 일반적인 용어로는 [직원과 장비]라고 할 수 있다. (특정 조직을 위한 모델이 개발되면, 자원을 더욱 정확하게 서술할 수 있음은 물론이다.) 이어서 자원은 어딘가에서 나왔으며, 하나 이상의 다른 기능의 출력일 것이다. 이 경우 자원은 <운용능력 관리>로 불리는 기능에 의해 생성된다고 가정한다. 한 측면의 근원을 명시하지 못하면, 이 경우 <직원과 장비>, 불완전한 모델이 된다.
- **제어** : 조직의 학습방식은 체계적이고 계획적이어야 하며, 제어할 수 있어야 한다. 제어는 부분적으로 [학습 전략]이며, 학습이 언제 이루어져야 하는지, 어떻게 이루어져야 하는지를 서술하고, 부분적으로는 학습의 우선순위를 설정하는 [비즈니

스 전략]을 서술한다. 전자는 <운용준비 확립>이라는 기능에서 나온 출력으로 볼 수 있으며 후자는 <비즈니스 전략개발>이라는 기능에서 나온 출력으로 볼 수 있다. 두 가지 모두 초기에 배경기능으로 취급된다. (또 다른 가능성은 [비즈니스 전략]을 <예상>의 출력으로 정의하는 것이다.)

- **시간** : 추후에 변경될 수 있는 것으로부터의 학습을 피하기 위해, 학습은 상황이 안정된 상태일 때 이루어져야 한다. 효과적이기 위해서, <학습>이 안정된 상황이 조성되기 전에 이루어지지 않도록 시간을 정해야 한다. 이 임시적인 조건은 [결과의 지연]과 관련되어, <평형상태>라 불리는 기능의 출력으로 제안될 수 있다. 후자는 일시적인 장애를 해결하고 평형상태를 이루기 위해 필요한 많은 것들을 위한 대리자(Place－holder)에 불과하다.
- **입력** : <학습>에 대한 주요 입력은 특정상황이나 [프로세스 동향]에 대한 [대응]으로 가정한다. [대응]은 이미 <대응하다>의 출력으로 소개되었지만 [프로세스 동향]은 <기본기능 수행>이라는 일반적 기능의 출력으로 볼 수 있다.

또한 많은 기능에는 몇 가지 정의된 전제조건이 있는데, 즉 그 기능을 수행하기 전에 충족되어야 하는 조건들이다. <학습>의 현재 예에서는 특별한 전제조건은 없다고 가정한다.

이 모든 것이 기본 모델의 전개는 <학습> 기능이 다른 세 가지 주요 기능뿐만 아니라 아직 정의되지 않은 9가지 기능에도 결합되어 있음을 보여준다. 9가지 새로운 기능은 <학습>의 출력－또는

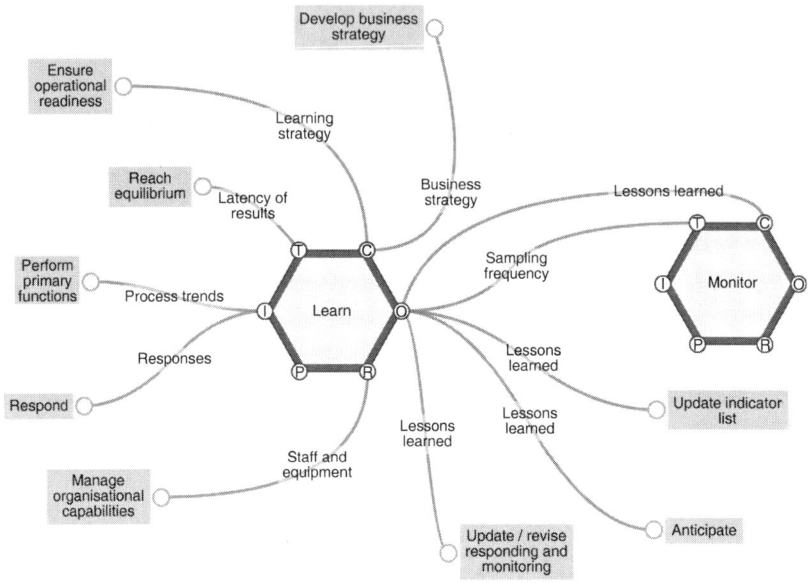

그림 6.5 〈학습〉기능의 FRAM 세부 모델

잠재적 출력–을 어떻게 활용하고 <학습>에 필요한 다양한 입력 및 조건들이 어디에서 왔는지 서술한다. 학습역량의 상세한 모델 또는 보다 정확하게는 상세한 모델의 첫 번째 반복전개는 그림 6.5에서 확인할 수 있다.

완성 모델

다른 3가지 역량 또는 기능인 <대응>, <감시>, 및 <예상>에 대해서도 동일한 절차를 수행할 수 있다. 각 기능에 대해서 입력, 출력, 전제조건, 자원, 제어 및 시간의 가능한 관계가 무엇인지 신중하게 고려해야 한다. 이것은 모델의 일관성을 유지하는데 필요한

다양한 기능의 정의로 이어질 수 있다. 이들 중 일부는 이미 정의된 것도 있을 수 있고, 다른 일부는 새로운 것이다. 전체 절차는 부록에 설명되어 있다. 가능한 결과는 그림 6.6과 같다. 이것은 4가지 역량이 서로 어떻게 의존하는지에 대한 최종 모델은 아니지만, 그러한 의존성의 일반적 모델을 개발하는 것이 어떻게 가능한지 보여주고, 조직이 어떻게 레질리언스 역량을 개발하고 유지하는지에 대한 전반적인 그림을 제공한다. 최종 모델이 아닌 일반적 모델인 이유는 특정조직이 아닌 단순한 '상식'의 의존성을 서술하기 때문이다. '상식'의 의존성은 모두 실제 경험을 기반으로 하며 많은 사례가 실제로 있었던 일이다. 그러나 RAG의 실제 적용은 일반 모델보다는 특정 모델을 기반으로 해야 한다.

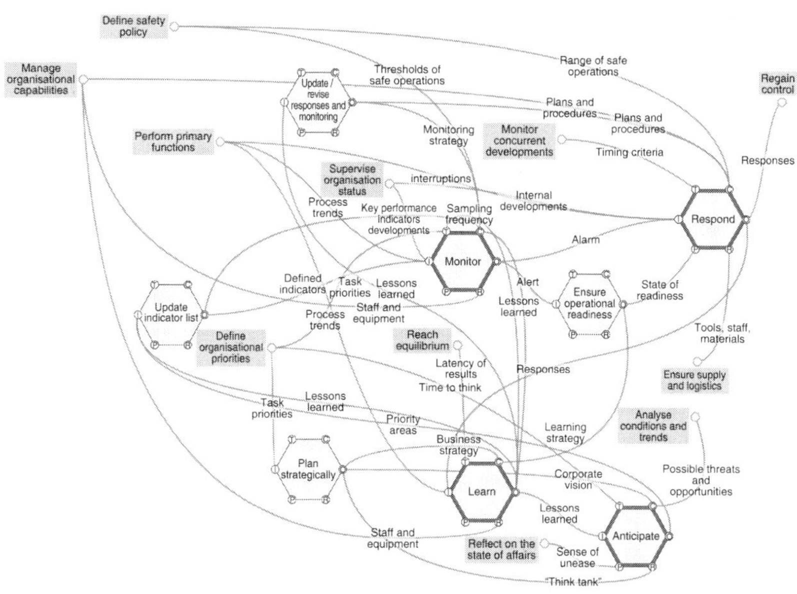

그림 6.6 레질리언스 역량의 FRAM 세부 모델

레질리언스 역량의 일반 모델

그림 6.6의 모델은 4가지 역량이 서로 어떻게 기능적으로 의존하는지, 기능으로서의 4가지 역량이 어떻게 다른 여러 기능을 필요로 하는지를 보여준다. 그러나 4가지 역량은 일반적이며 레질리언트한 수행을 위한 조직의 역량에 대한 실질적 평가가 이루어질 수 있는 수준을 나타내지는 않는다. 조직이 만들어야 하는 운용 모델이나 설명도 아니며, 또한 실제 관리가 수행되어야 하는 수준도 아니다. 이를 달성하기 위해서 특정조직과 특정상황을 참고할 필요가 있다. 그렇게 하면 더 구체적이고 상세한 설명을 제공할 수 있는데, 이는 실제 4가지 능력이 특정 진단질문에 의해 평가되는 것과 같은 방식으로 이루어진다. 질문을 해당 조직에 맞춰야 하는 것처럼 기능적 모델도 맞춰야 한다.

그럼에도 불구하고 일반 모델은 적절히 작동하기 위해 필요한 것과 이들이 가질 수 있는 이차적 또는 파생적 결과에 대해 레질리언트한 수행 역량을 관리하기 위한 특정 계획이나 해결책을 생각하는데 도움이 된다. 분명히, 전반적 모델에서조차 4가지 역량 중 하나만 관리하려고 시도하는 것은 바람직하지도, 효율적이지도 않고, 4개의 역량을 구성하는 많은 하위기능 중 하나씩만 관리하려는 시도 역시 마찬가지다. 모델은 역량을 충족하는 데 필요한 의존성을 간결하게 표현하고 그 중요성이나 중요도를 제공하기 때문에, 특정 진단질문을 정의하고 개선하기 위한 기초로 사용할 수도 있다. 예를 들어, 파생된(부가적인) 기능은, 각각 존재해야 하는 품질이나 능력을 나타내므로, 잠재적인 진단 문제의 주제가 된다.

Chapter 07

레질리언스 역량개발

조직의 수행력을 변경하는 것은 결코 쉬운 일이 아니다. 첫 번째 문제는 조직이 '내부적으로' 어떻게 기능하는지를 이해하는 것이다. 조직의 수행력을 변경하고 실제로 단순히 관리하기 위해서는, 조직의 특정 모델이 필요하고, 조직적 수행을 함께 생성하는 다양한 조직적 프로세스나 '메커니즘'을 나타내는 편리한 설명이 필요하다. 그러나 대부분의 모델은, 특정기능이 아닌 일반기능을 나타내고 내부의 의존성을 자세하게 설명하거나 서술하지 않기 때문에 두 가지 모두 부족하다. 일반 모델은 전형적으로 흐름의 특성이 상세하게 명시되지 않고 구성원이 계층 또는 네트워크로 구성되는 간단한 플로우차트 모델이다(그림 6.1, 6.2 참조). 특정 모델은 일반적으로 조직이 실제로 어떻게 기능하는지 보다는, 역할과 부서 간의 관계를 보여주는 조직도이다. 그러한 모델의 경우에도 사람들은 정신적으로 또는 인지적으로 변화의 잠재적 결과를 이해하는 것이 어렵다고 생각한다. 그 이유는 추론은 주로 단순한 1차 영향

(사소한 인과관계)에 제한되고, 간접적이어서 2차 영향과 불명확한 상호작용에서 발생하는 예기치 않은 결과는 쉽게 무시되기 때문이다. 구성원 간의 단순한 선형 의존성이 있는 모델은 조직이 어떻게 기능하는지 설명해내지 못하고, 변화를 계획하고 관리하기 위한 기초로서는 무용지물인 것이다.

그러나 두 번째로 더 심각한 장애물은, 조직이 어떻게 활동하는지 그리고 안전, 품질, 생산성, 고객 만족, 유효성 보장 등과 같은 기준들에 얼마나 잘 대응하는지를 결정하는 것이다. 이것은 특히 조직의 모델이 단순한 구조를 넘어서 "원인"과 "메커니즘"에 관한 내용을 포함하는 경우, 분명 첫 번째 장애물과 무관하지 않다. 수행력을 결정하는 요소에 대한 이해는 관리와 제어에 필요한 조건이기 때문에 중요하다. 사이버네틱스(Cybernetics)는 1950년대에 필수다양성의 법칙(Ashby, 1956)을 만들어 냈다. 필수다양성의 법칙(Law of Requisite Variety)은 규제나 통제의 문제이며, 규제자의 다양성은 규제할 시스템의 다양성과 부합하여야 한다는 원칙을 표현한 것이다. 따라서 규제자가 시스템보다 다양성이 적다면 효과적인 규제는 불가능하다. 이것은 또한 "시스템의 모든 훌륭한 규제자는 그 시스템의 모델이 되어야 한다"(Conant and Ashby, 1970)라고 표현된 바 있다.

물론 조직이 어떻게 (잘) 수행하는지는 조직 내 사람들이 (잘) 수행하는 방법과 분리할 수는 없다. 조직이 무엇인지 정의하는 것은 여러 방법이 있지만, 공통점은 조직이 공동의 목표를 추구하기 위해 함께 노력하는 사람들의 집합이라는 것이다. (실제로, 만약 사람이 없다면, 빈 공장처럼—물리적인 구조만 남았을 경우—조직적 수행력도 없다.) 사람들은 대개 지속적인 활동인 목표에 기여하는 것으로 간주되는 방식으로 조직화되었다. 조직의 목적은 최상의 방법으로 자원을 할당하고, 시간 경과에 따른 수행을 감시하고 조정하기 위해 부서 또는 그룹 간의 기능과 책임을 관리하는 것이다. 그러므로 조직의 수행력은 조직 내 사람들 수행력의 근본적인 방식에 달려있다. 이것은 조직의 수행을 어떻게 바꿀 수 있는 지에 대해 두 가지 입장으로 연결된다.

한 가지 입장은 사람들이 하는 일은 조직 또는 조직의 핵심측면, 특히 조직문화나 그 다양성에 의해 결정된다는 것이다. 논리적인 결과는 조직문화와 특히 안전문화–"우리가 안전을 실행하는 방식"–가 변화함으로써 사람들의 수행력이 가장 잘 변화될 수 있다는 것이다. 해결책은 조직에 초점을 맞추고 이를 변화시키려는 노력이다. 다른 입장은 조직의 수행이 조직 내 개인의 수행에 누적되거나 통합된(결합된) 효과로 이해되어야 한다는 것이다. 이 경우 결과는 개인의 수행을 직접적으로 바꾸는 과정을 거친다.

물론, 세 번째 입장은, 조직의 수행과 개인의 수행이 서로 뗄 수 없게 결합되어 있어 다른 하나를 배제하고 생각하는 것은 타당하지 않다는 것이다. 이것이 레질리언스 엔지니어링의 입장이다.

변화하는 조직문화

조직문화에 초점을 맞추는 것은 중대한 문제이기 때문에 여전히 획일적인 사고와 추론의 또 다른 사례로 보일 수 있다. 조직의 수행력을 단일 요소나 원인으로 설명하고 이를 변경하는 데만 집중

하는 것은 확실히 편리하다. 만약 문화가 지배적인 원인이라면, 그 반대로 하는 것보다 문화를 이용하여 관행을 바꾸는 것이 보다 효율적(또한 보다 수월한)이어야 한다. 이는 안전에 대한 탐험아이디어 이면의 이론적 근거이고 사람들의 태도-사람의 '마음과 정신'(Parker, Lawrie and Hudson, 2006)-에 대해 연구함으로써 얻을 수 있는 계획이다. 이 접근법의 명성은 유감스럽게도 잘못된 비유로부터 비롯되었다. '마음과 정신(Hearts and Minds)'은 금연 캠페인에서 나온 말이다(Prochaska and DiClemente, 1983). 흡연은 근본적으로 개인이 하는 일이다. 규칙적이거나 규제된 수행의 특성상, 이를 변경할 가능성은 거의 없다. ('마음과 정신'은 존중하는 가치의 개념에 해당하는 것으로 보일 수 있다. 그런 의미에서 약간의 타당성이 있을 수 있지만, 그것은 지지자들이 주장하는 바가 아니다. 실제로, 그것을 복합적이거나 집합적인 문제로 보는 데는 실패했지만, 획일적 사고의 편의성을 고수하고 있다.) 마음과 정신(H&M)의 비유는 적어도 그것이 일반적으로 사용되는 방식에서는 너무 간단하기 때문에 문제가 있다. 담배를 피우거나 피우지 않는 것은 복잡하지 않은 단일 활동이다. 담배를 피우거나 피우지 않는 결정 또한 복잡하지 않은 것으로 간주되고, 무엇인가 하는 것과 하지 않는 것에 대한 결정을 알기위해 심지어 사회적 압력의 존재도 허용한다. 이 결정은 개인의 취향이나 태도에 따라 결정된다. 따라서 이러한 태도가 바뀌면, 사람은 더 이상 담배를 피우지 않을 것이다.

이러한 비유는 일상적인 일이 무언가를 할 것인지 말 것인지에 대한 질문으로 압축될 수 없기 때문에 오해를 불러일으킬 수 있다.

일상적인 일에는 양자택일할 수 있는 것이 거의 없다. 사실, 일상은 자연주의적이거나 인식론에 입각한 의사결정에서와 같이, 무엇을 해야 하는 상황인지를 알기 위해서, 행동을 위한 기회 또는 대안을 창출하는 것에 가깝다. 그것은 어떻게 할 것인지에 대한 문제이지, 할 것인지 말 것인지에 대한 문제는 아니다. 어떻게 할 것인지를 알아내는 것은 독립적인 행동(담배에 불을 붙이는 것과 같은)이 아니라 어떤 상황이나 연속체의 일부이다. 흡연이 일의 일부는 아니며 오히려 일을 방해한다. 그러나 행동, 일상적인 일의 단계는 어떤 것의 본질적인 부분이며 분리되어 있는 것이 아니다. 우리는 그것들을 개별적인 단계로 생각하지 않는다.

이것이 H&M 비유가 실패한 이유이다. 같은 논증으로 단일 지배요소를 가정하고 획일적인 추론에 의존하는 어떠한 접근이나 계획 또는 해결책도 실패할 것이다. 우리의 일을 구성하는 행동들은 단지－또는 대부분－태도와 신념에 의해서만 결정되는 것은 아니다. 실제적이고 현실적인 일의 필요성에 의해 결정된다. 그러므로 사람들이 하는 일을 바꾸고 싶다면, 우리는 주된 해결책으로 그들이 좋아하는 가치(H&M)를 바꾸는 데 의존해서는 안 된다. 우리는 일의 결정요인을 바꿈으로써, 그 일을 왜 하는지를 바꿈으로써 그들이 하는 일을 바꿀 수 있다. 그것은 수요와 자원, 현장과 인터페이스의 설계, 활동이 지원되거나－또는 저해되는－방식의 균형일 수 있으며, 동료들의 사회적 기대뿐 아니라 절차와 지침에서 오는 기대 그리고 태도 또한 바꿀 수 있다. 하지만 태도 단독으로는 바꿀 수가 없다. 사실, 태도가 바뀌면 실행이 바뀐다기 보다, 실행이 바뀌어야 태도가 바뀐다고 가정할 수 있다.

변화하는 실행(Practice)

문화를 바꿀 수 있는 대안은 실행을 바꾸는 것이다. 한 가지 접근방법은 개인에 초점을 맞추고, 사람들이 무엇인가 하도록 만드는 것은 무엇인지를 보는 것이다. 이것은 제3장에서 이미 논의되었는데, 개별행동(조직 내)에 관한 많은 이론들이 제시되었다.

사람들은 자신이 하는 일을 반영하기 때문에, 실행의 변화는 지지하는 가치와 가정(Assumption)에서 점차적으로 태도의 변화로 이어질 것이다. 실행을 바꾸는 것이 태도와 가치를 바꾸는 것보다 더 쉽고, 그것이 실효성－간접적이기보다는 직접적인 효과－이 있는지 알기가 더 쉽다는 이점이 있다. 레질리언스 역량을 구축하면서, 변화는 사람들이 실행하는 방식에 달려있고, 조직은 그들을 통해서 대응하고, 감시하고, 학습하고, 예상한다.

그러나 개인의 수행력은, 상황, 운용조건 그리고 사회적 환경과 무관하지 않다. 개인의 수행을 바꾸기 위한 기본은 각자 자신의 수행, 주변의 사람들(같은 그룹 또는 주변 협력자)의 수행, 조직의 수행에 대해서 이해하고 인정하는 것이다. 주어진 상황에서 사람은 의도한 결과를 얻기 위해 자신이 옳다고 생각하는 것을 실행할 것이다. 물론 이러한 결과들 중 하나는 사실에 입각한 결과이거나 활동의 결과이다.

그러나 다른 사람(동료, 동년배, 관리자 등)의 수락 또는 승인과 같은 다른 것도 있다. 물론, 보통 사람들은 다른 사람들에게 해를 주거나 공포와 두려움을 심어 주지 않는 한, 수행에 대한 일반적인 기대와의 갈등을 피하려고 노력한다. '다른 사람들'은 사회집단을 뛰어넘어 성장할 수 있으며 조직의 상위계층을 포함하거나 심지어 '조직' 자체를 대표할 수도 있다. 물론 후자의 경우, 실제의 반응보다는 오히려 사람의 상상력이 만들어낸 반응일 수 있다. 그리고 사람의 상상력이나 반응에 대한 기대는 어떤 의미에서는 지지하는 가치에 해당하는데, 이것은 안전 문화에 대한 대중적인 정의처럼 '우리가 해온 방법'에 대한 인정된 표준을 나타내기 때문이다. 조직의 수행에 대한 이해는 조직을 특징짓는 공통가치(공유하는 기본 가정)를 정확하게 참조하기 때문에, 합리적이라 할 수 있는 조직 문화의 개념에 근접한 것을 참조할 수도 있다. 사실, 개인의 수행은 자신의 목표와 기대치(기준 또는 엄격한 수준)와 관련이 있고, 조직의, 전체적으로 거대한, 공공 이익의 맥락에서 자신의 수행을 이해하고, 일종의 공유된 가치와 공유된 규범까지 참조해야 한다. 사회적 규범은 각 개인이 자신의 권리 내에서 무엇을 하는지에 대한 기준일 뿐만 아니라 다른 사람들이 하는 것에 대해 기대하는 기준이기도 하다.

제3의 길

개인적 수행이 조직문화(또는 안전문화 혹은 레질리언스 문화조차도)를 통해 변화될 수 있는지와, 개인의 수행과 태도에 의해 조직문화가 변화될 수 있는지의 여부에 대해 단순한 대안으로 생각하는 것은 유혹적이다. 그러나 그러한 병치는, 너무 단순해서 사실일 수 없다. 제3장의 결론과 같이, 사람들의 행동을 변화시키기 위해서는 조직문화를 변화시키는 것만으로는 충분하지 않다. 사실,

안전문화나 다른 단일 요소로는 충분하지 않다. 획일적인 생각은 인지적으로 흥미롭지만 매우 부정확하기도 하다. 조직문화는 단일 혹은 일원화된 개념은 아니지만 최소한 세 부분, 가공물, 지지하는 가치 그리고 공유하는 기본 가정의 차이점은 구분된다(Schein, 1990). 조직문화는 그 자체의 권리에 있어 하나의 요소가 아니라 이들 사이의 교차점으로 간주되어야 한다. (그림 7.1 참조)

그림 7.1은 조직문화가 가공물, 기본 가정 그리고 지지 가치의 교차점으로 표현될 수 있다는 것을 보여주므로, 조직문화는 단순하거나 획일적이지 않은 복합적 개념이다. 그러나 그림 7.1은 구성요소–가공물, 지지 가치, 기본 가정–가 어떻게 서로 작용하는지 명확하게 보여주지 않기 때문에 조직문화의 모델이라고 할 수 없다. 그러므로 조직의 변화를 계획하고 관리하기 위한 기반으로써 직접 이용할 수는 없다.

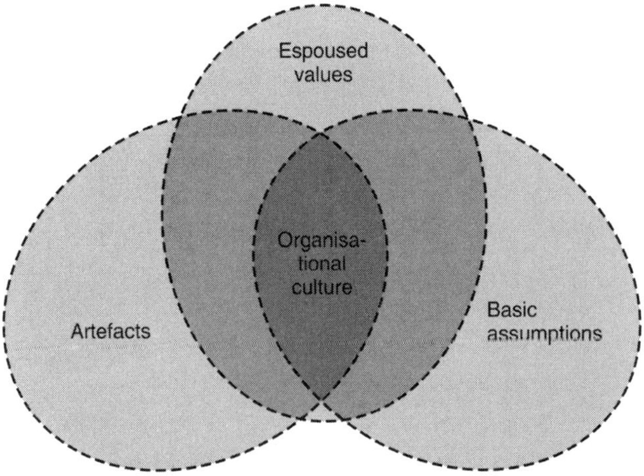

그림 7.1 가공물, 지지 가치, 기본 가정의 교차점인 조직문화

제5장에서는 조직이 4가지 역량을 어떻게 레질리언트한 방식으로 수행할 수 있는지 일반적인 모델의 출발점으로 이용할 수 있다고 주장했다. 물론, 이것은 조직이 어떻게 수행력을 유지하는지에 대한 모델이며, 조직이 무엇을 하는지 또는 무엇을 제공하는지—예를 들어, 병원, 커피 숍, 여객선, 슈퍼마켓 또는 석유 굴착장치 같은—에 대한 모델은 아니다. 따라서 조직이 주된 활동을 관리하는 방법으로 모델을 보완하거나 결합해야 한다. 이것은 제6장에 제시된 공통 모델 유형 중 하나에 의해 수행될 수는 있지만, 기능적 모델을 이용하는 것이 타당하다. FRAM은 이를 위해 매우 적합하다.

'기능장애' 조직과 '레질리언트'한 조직

조직이 레질리언스 역량을 구축하는 방법을 고려하기 위한 출발점으로 두 가지 극단적인 경우가 있다. 형편없는 기능을 하는 조직('기능장애' 조직)과 제대로 기능하는 조직('레질리언트'한 조직)이 그것이다.

- 첫 번째 경우는 일상적인 방식으로 비즈니스를 진행하는 조직으로 어떤(예기치 않은) 상황이 발생했을 때 대응하는 것이 레질리언트한 수행이라는 '주장'만을 하는 조직이다. 그러한 조직을 상상할 수는 있지만('실패하기에는 너무 큰' 금융 기관같이), 일상적인 대응으로 충분히 안정된 운용환경이 존재하지 않는 한 오랫동안 생존할 수는 없다. 기능장애 조직이 대응하

면 틀에 박힌 방식으로 한다. 감시, 학습 또는 예상역량이 없다. (효과적인) 감시가 부족하다는 것은 어떤 일이 일어났을 때 제대로 준비되어 있지 않고 따라서 모든 일에 당황할 것이다. 왜냐하면 운용환경이 안정적인 조직은 당황스러움에 조금씩 익숙해지며 근본적으로 어떤 대응이 필요한지 알 수 있게 된다. 그러나 학습이 제대로 이루어지지 않은 조직은 초기 대응에 제한이 있고, 대응하는데 조금 익숙해지더라도 그것은 거의 조건반사적인 대응에 불과할 것이다. 조직(시스템, 유기적 조직체)이 합리적인 효과를 낼 수 없다면 조만간 사라지거나 어떤 경우에는 말 그대로 '사망'하기 때문에 대응역량은 기본적인 것이다.

- 두 번째 경우는 대응, 감시, 학습, 예상역량을 갖춘 조직이다. '레질리언트'한 조직은 효율적이고 유연한 방식으로 대응할 것이며, 운용환경뿐만 아니라 내부에서 일어나는 일까지도 인식하고, 과거의 경험을 통해 효과적으로 학습하며, 현재 상황을 넘어 가능한 조건이나 '미래'를 고려할 수 있다. 더욱이 이 모든 것을 적절히 잘 수행하고, 필요한 노력과 자원을 적절하게 관리할 수 있다. 그러나 미래가 불확실하다는 것을 깨닫고 결코 만족하지 않고 불확실성에 대한 영구적인 감각이 있는 것이 장점이다—그래서 결코 만족하지 않는다.

주어진 두 종류의 극단적인 상황에서, 중요한 문제는 기능장애의 조직이 되지 않기 위해 실전에서 조직이 레질리언스 역량을 어떻게 개선하느냐는 것이다. 한 가지 입장은 4가지 역량을 모두 고려해야 하기 때문에 가능한 한 4가지 모두를 개발하는 것이다. 그러나 동시에 수행해야 하는지 또는 하나씩 개선해 가면서 수행해야 하는지 또는 선호하는 순서나 우선순위가 있는지에 대한 문제를 야기한다.

실제로 두 가지를 동시에 고려하는 것이 불가능한 이유는 지나치게 많은 자원(인적, 재정적)이 요구되고, 4가지 역량은 매우 다르고 서로 다른 '성장'과 서로 다른 개발 '속도'를 갖고 있으며, 그들의 상대적인 중요도는 조직의 특징에 달려 있기 때문이다. 그들은 상호 의존적이거나 결합되어 있어서 무작위로 다루는 것도 합리적이지 않다(제6장과 그림 6.4 참조). 그러나 이 경우 상호 의존성은, 제한이 아니라 장점이 되는데, 그 이유는 다른 어떤 것보다 더 상식적인－그리고 더 효율적인－조직의 레질리언스 역량을 개발하는 전략으로 이용할 수 있기 때문이다.

최악의 경우 레질리언스 역량의 개발은 대응역량만 갖추고 다른 세 가지 역량은 전혀 없는 기능장애 조직에서 출발한다. 사실 훨씬 더 극단적인 경우를 상상한다면, 즉 비활성 조직은 주변에서 일어나는 일에 영향을 받지 않는 경우도 있다. 두 종류 유형의 조직 모두 이론적으로는 가능하지만, 실제 찾아볼 수는 없다. 조직이 존재하고 생존하기 위해서는 최소한의 감시역량은 있어야 한다. 다른 유형의 조직은 가능한 대안이 있고 자신의 이익과 상반되는 경우임에도 불구하고 동일한 방식으로 행동하는 조직이다. 믿지 못할지 모르지만, 그런 조직이 역사를 통해 실제로 존재했으며 오늘날에도 존재한다(Tuchman, 1985).

감시역량 개발

대응력이 없는 조직은 레질리언스 역량을 개발하기 위한 시작점이 될 수가 없다. 그러한 조직은 보다 더 과감한 조치가 필요하기 때문이다. 역량개발을 위한 시작점은 대응이 가능하고, 그래서 생존할 수 있는 조직이어야 한다. 물론, 대응역량은 언제나 개선시킬 수 있다. 운용환경이 안정적이고 완전하게 예측 가능한 경우에도, 대응역량은 대응속도와 관련해서, 예를 들어, 시작조건을 미세하게 조정함으로써 개선시킬 수 있다. 그러나 일반적으로 운용환경이 불완전하게 예측할 수 있는 경우 대응은 감시역량에 크게 좌우된다.

대응역량을 강화하고 개선하는 데만 초점을 맞추기보다는, 감시역량을 개발하는 것이 더 좋은 전략이다. 감시는 조직의 운용환경이 어떻게 변화하는지 추적하고 대응이 필요하기 전에 개발요소와 장애요소를 감지할 수 있다. 이것은 조직이, 예를 들어 내부자원을 재할당하거나 운용모드를 변경하거나, 일부 서비스를 종료하고 다른 서비스를 활성화시키거나, 다른 한편으로는 "약한 신호" 조차도 대응할 준비를 하여–상황이 악화되기 전에–자체적으로 대응준비를 할 수 있어야 한다. 상황이 발전하는 초기단계에는 대응은 일반적으로 적은 자원과 시간이 덜 소요되지만, 대응이 잘못되었거나 혹은 불필요한 대응이 될 수도 있는 위험도 발생시킨다. 요령은 긍정오류(False positive)를 피하는 것이다. 그 상황에 필요하지 않더라도 대응이 시작되고, 대응이 필요한 상황임에도 대응하지 않는 부정오류(False negative)를 피하는 것이다. 그러나 이러한 위험을 감수하더라도 반응적 모드에서만 작동하는 것이 더 바람직하다.

반응적 조정과 예방적 조정(Reactive and Proactive Adjustments)

레질리언트한 조직의 핵심 특징은 기능하는 방법을 조절할 수 있는 능력이다. 조정(Adjustments)은 원칙적으로 미래-단기적 또는 장기적으로-에 일어날 일에 대한 계산이나 가정을 기반으로, 어떤 일이 일어나 후에(반응적, 피드백에 대한 대응) 이루어질 수 있고 또는 어떤 일이 일어나기 전에(선행적 또는 예방적, 피드포워드에 의한 제어) 이루어질 수도 있다.

반응적 조정이 가장 보편적이다. 예를 들어, 지역사회에 대규모 화재나 폭발과 같은 큰 사고가 발생하면, 지역대응 팀은 기능 상태를 변경하고 그 상황에 맞는 다양한 유형의 결과에 대비한다. 그러나 어떤 일이 발생했을 때 대응하는 것은, 조직의 안전과 생존가능성을 보장하기에는 불충분하다. 그 이유는 조직이 한정된 상황과 조건, 그리고 일반적으로 제한된 기간 동안만 대응할 수 있기 때문이다. 또 다른 이유는 필요성이 명백해질 때까지 대응을 기다리면 피해가 커지고 확산될 시간이 늘어나기 때문이다.

예방적 조정은 시스템이 정상작동 상태에서 상황이 일어나기 전에 강화된 준비 상태로 변경할 수 있음을 의미한다. 준비상태에서, 예상되는 상황의 필요에 맞게 자원이 배치되고 특수 기능은 활성화 될 수도 있다. 항공업계에서의 간단한 예로, 출발 및 착륙 전 또는 난기류에 안전벨트를 맨다. 또는 토네이도나 허리케인이 오기 전 준비사항 같은 것이 있다. 이 경우 앞으로의 상황은 주기적이고, 심지어는 예정된 활동의 결과이며, 따라서 매우 예측가능하다. 다른 경우로서 정상상태에서 준비상태로 변경하는 기준은 경험부족, 불확실한 미래, 지표의 유효성이 의심스럽거나 또는 신호가 '약하기' 때문에, 그 기준이 불확실하다.

대체 방법 : 감시 전 학습

감시역량을 효과적으로 개발하면 대응역량이 높아지는 반면, '첫 번째' 단계로 두 가지 가능성을 간략하게 고려할 필요가 있다. 그것은 학습역량을 개발하고 예상 역량을 개발하는 것이다. 물론, 학습은 대응역량에 있어 매우 중요한데, 그 이유는 학습을 통해 대응은 운용환경의 특징과 맞출 수 있기 때문이다. 그러나 학습이 대응을 보다 다양하게 만들 수 있는 반면, 감시할 수 없으면 조직이 반응적일 수밖에 없으므로, 대응에 너무 늦어져서 위험에 처하고 주변에서 일어나는 일에 뒤떨어지게 된다. 감시보다 학습을 우선시하는 믿음–또는 신뢰–는 앞으로 일어날 일들이 주로 과거에도 일어났던 일들의 반복이기 때문이다. 이는 주로 '발견하고 수정하는' 전략을 고수하는 사고로부터 배우는 조직의 전형적인 경우이다. 무엇인가 결정하고 원인이 밝혀지면 운용환경이 동일하게 유지되는 경우만 의도한 효과가 나타난다. 비효율적인 감시는 고도의 준비상태를 유지함으로써 보완해야 하며, 이는 상황이 완전히 다른 경우라 하더라도 일어날 수 있는 상황에 대해 자원과 능력을 일정하게 보유하고 있어야 한다는 것을 의미한다. 단순히 감시보다 학습을 우선하는 것으로 대응역량을 개선시키려는 것은 비용이 발생하므로, 이 접근방법은 장기적으로는 자멸할 수 있다.

대체 방법 : 감시 전 예상

감시역량보다 예상역량을 우선시하는 것도 좋은 선택은 아니다. 미래의 개발 및 변화에 대한 예상은 실제로 새로운 유형의 대응(그리고 능력)을 제안하는 기초가 될 수 있지만, 감시가 비효율적인 경우 대응 모드는 여전히 반응적일 수밖에 없다. 감시보다 학습을 우선시하는 경우와 같이, 감시보다 예상을 우선시하는 경우도 외부상황이 매우 드문 경우에만 타당하다. 일례로 안정적인 생산을 하는 회사는, 탄광이 대규모 동질의 석탄지대에서 운영이 잘 되는 회사 또는 역사상 잘 팔리는 제품의 생산라인이 있는 회사일 수 있다. 그러한 경우 현존하는 일련의 대응-그리고 감시-는 적절하고, 무엇을 생산하든 지속적일 수 있다. 이러한 조건 하에서는 시장의 변화이든, 새로운 고객의 요구사항 개발이든, 새로운 규정 개발이든, 감시역량보다 예상역량을 개선하는 것이 더 유리할 수 있다.

학습역량 개발

이미 대응과 감시가 가능한 조직의 경우, 그 다음 단계는 학습역량에 초점을 맞추더라도, 대응과 감시역량에 계속 집중해야 한다. 학습은 여러 가지 이유로 필요하다. 가장 명백한 점은 운용환경이 항상 유동적이기 때문에, 새롭거나 예상치 못한 상황이나 조건이 항상 존재한다는 것이다. 이러한 것들로부터 학습은, 특히 대응과 감시역량을 개선할 수 있는, 매우 중요한 규칙성을 찾아야 한다. 또 다른 이유는 대응역량은 항상 제한적이라는 것이다. 모든 상황이나 모든 가능한 일련의 조건에 대해 대응을 준비하는 것은 가능하지도 않을뿐더러 감당할 수도 없다. 이것은 조직이 가끔 대응방법을 모르는 상황이 올 수 있다는 뜻이다. 이러한 상황에서 학습하고, 그것이 유일한 상황이거나 다시 발생할 가능성이 있는지를 평가하고, 이를 이용하여 대응 및 감시역량을 개선하는데 이용하는 것은 분명 중요한 일이다. 그러나 더 중요한 것은 아니더라도, 잘된 대응에서 배우는 것 또한 중요하다. 조직은 이 경험을 통해 대응의 정확도를 올리는데 이용하고, 대응시간, 감시해서 얻은 일련의 단서나 지표 등을 개선시키는데 이용할 수 있다. 잘된 일만을 받아들이는 것은 현실에 안주하는 것이므로 개선할 수 있는 본질적인 기회를 놓치게 된다.

대체 방법 : 학습 전 예상

이 단계에서는 예상역량보다 학습역량을 개발하는 것이 바람직하지만, 대안으로 고려할 수 있는 것은, 학습역량보다 예상역량을 개발하는 것이다. 이러한 순서에 있어 반론은, 효과적인 예상은 학습에 달려있다는 것이다. 예상은 가능한 미래를 생각하는데 이용되는 '훈련된 상상력'이다. 예상은 시장상황, 새로운 규제요구, 신기술, 정치적 혼란, 자연재해 및 환경재해, 전염병 등에 대한 변화를 고려해야 한다. 그래도 학습역량이 없다면, '상상력'은 제어할 수 없게 되거나 적어도 수정이 불가능할 수 있는 위험을 안고 있다.

그리고 조직을 관리하기 위해 예상의 이용은—비즈니스로나 안전면으로나—위험을 감수하는 것이므로, 학습 없는 예상은 좋은 아이디어가 아니다.

예상역량 개발

이 시점에서, 조직이 대응, 감시 그리고 학습할 수 있을 때, 남은 것은 오로지 예상역량을 개발하는 것이다. 예상의 가치는 이미 위에서 논의한 바 있다. 예상은 현재의 상황으로부터 단순히 추정하는 것은 아니다. 더 정확히 말해서 예상은 감시역량(어떤 지표나 우선순위 영역을 찾아야 하는지 제안), 대응역량(가능한 미래의 시나리오 요약) 그리고 학습역량(다양한 학습을 우선시)을 강화하는데 이용할 수 있다. 학습은 대응역량을 개선하고, 적절한 지표와 단서를 선택하고, 예상의 기본을 제공하는 상상력을 기르는데 이용할 수 있다. 감시는 대응역량을 개선하는데 주로 이용할 수 있다(준비성 강화, 예방적 대응). 그리고 대응은 학습뿐 아니라 예상역량을 개선하는데 필요한 경험을 제공할 수 있다.

레질리언스 역량 개발방법 선택

이 모든 것은, 레질리언스 역량의 개선을 원하는 조직이 4가지 역량을 어떻게, 언제 개발할 것인지—특히 하나에 집중할 것인지

두 가지 이상을 동시에 집중할 것인지-를 결정해야 한다는 의미이다. 여기서 RAG의 이용이 중요한 역할을 할 수 있다. 조직은 우선 4가지 각 역량을 얼마나 잘 하고 있는지-각 역량에 이용되는 기능을 신중하게 평가하면서-알아야 한다. 그리고 그것들을 어떻게 개발할 것인지를 계획해야 한다. 그렇게 할 때 상호의존성 뿐 아니라 가장 적합한 방법(제6장 참조) 또한 고려해야 한다. 어떤 경우에는 역량 또는 그 구성기능이 더 좋은 감지기나 강력한 측정 분석방법과 같은 기술적 개선을 통해 개발될 수도 있다. 어떤 경우는 인적요인 또는 조직 관계가 더 중요할 수 있다. 마지막으로 태도 또는 안전문화와 유사한 것들이, 중요한 가치를 갖는 경우도 있을 수 있다.

레질리언스 역량을 개발하는 것은 안전-II에 유리한 태도를 확립하고(육성하며), 수행력을 덜 악화시키기보다 좋아지도록 하는 것이 더 중요하다는 것을 강조한다. 다른 말로 하면, 사람들이 생각할 수 있도록 격려하고 단순히 잘못된 일 보다는 잘된 일에 초점을 맞추게 하고, 보지 못한 것을 알아차리게(감지) 하고, 잘못된 일을 예방하기보다 일을 더 잘할 수 있게 노력하도록 만든다.

목표설정의 관점에서, 레질리언스 엔지니어링은 최종 해결책을 규정하지 않는다. 대신, 각 조직은 4가지 역량의 차등 수준으로 표현되는, 레질리언스 역량을 어느 정도 개발해야 하는지를 결정해야 한다. 이는 규범적 선택이라기보다 실용적 선택이며, 어떤 맥락에서는 조직이 하는 일에 크게 좌우된다(이는 분명 조직의 예상 역량과 미래를 준비하는 의욕 정도에 달려있다). 안전문화의 개념과는 달리, 5단계 모델로 표현했듯이, 레질리언스 역량에는 상한선이 없다. 대응, 감시, 학습 그리고 예상은, 조직이 언제나 더 성장할 수 있듯이–생산성, 안전성, 품질, 고객 만족 등의 측면에서–언제든 개선할 수 있다.

레질리언스 역량관리

전통의 획일적인 사고개념에서 안전은 보통 단일개념 또는 품질을 나타낸다. 이로 인해 '안전문화', '안전관리' 그리고 '안전관리 시스템'을 언급하는 습관이 생겼고 이러한 변화로 인해 원하는 변화가 발생한다고 가정한다. 안전관리 시스템은 일반적으로, 징후 또는 표현(실패 또는 안전의 부족) 측면 뿐 아니라, 접근방법 측면에서도 단일 주제를 강조한다.

안전–I의 관점에서, 안전관리의 목적은 부정적 결과의 감소와 가능한 한 그것을 제거하는 것이기 때문에, 그 접근방법은 부정적 결과가 어떻게 발생했는지에 대한 이해를 바탕으로 해야 한다. 인과관계 신조의 두 번째 원칙은 원인과 결과 사이에 일치하는 가치를 나타내는데 부정적인 결과는 반드시 부정적인 원인에 의한 것이어야 한다는 것이다. 따라서 실패와 오작동이 어떻게 발생하는지 이해하는 것이 중요해진다. 바람직한 설명은, 여러 번 서술한 바와 같이 역사적으로는 기술적 요인에서 인적요인으로 그리고 조직과 안전관리로 이어져 왔다.

안전성을 높이기 위한 방법 중 레질리언스 향상을 통해서 기술적이거나 조직적인 레질리언스를 지원하는 다양한 방법을 제안하는 것은 매혹적이며 때로는 거부할 수가 없다. 그러나 그러한 노력은, 레질리언스가 동일하거나 단일개념, 단일품질 또는 단일능력도 아니라는 단순한 이유만으로 실패할 것이다. 제2장에서 논한 바와 같이, 레질리언스로 불리는 단일 혹은 단순품질은 없으며 조직이 레질리언스를 갖고 있는지 혹은 레질리언트한지 여부를 묻는 것은 그리 현실적이지 않다. 따라서 이러한 조직의 레질리언스를 개선하거나 지원할 수 있는 방법은 없다. 조직이 레질리언스 수행을 위한 역량을 보유할 수 있고 이러한 역량을 관리할 수 있다고–사실 반드시 관리되어야 한다고–제안하는 것이 더 유용하다. 가장 큰 불편함은 유감스럽게도 '레질리언스 관리' 같은 좋은 용어대신 거추장스럽게 '레질리언트한 수행을 위한 역량관리' 혹은 조금 짧게 '레질리언스 역량관리'라는 용어에 그치게 된다는 것이다.

대신, 우리는 수행력의 운용측면이나 구체적인 측면을 위한 플레이스홀더로서 4가지 역량을 지원하거나 용이하게 할 수 있는 방법을 고려해야 한다. 이번 장에서 서술한 것처럼, 동시에 4가지 역량 모두를 처리할 필요는 없다. 예를 들어, 조직의 감시역량을 개선시킬 수 있는 방법을 모색하는 것은 꽤 합리적이지만, 그 과정에서 4가지 역량은 불명확한 방식으로 결합되어 있다는 것을 명심해야 한다.

만약 감시역량에 초점을 맞춘다면, 그 목표는 감시역량이 무엇에 의존하고 무엇을 필요로 하는지 그리고 다른 3가지 역량에 어떻게 영향을 미칠지 고려하지 않은 채 추구해서는 안 된다. 일반적이거나 포괄적 의존성은 제6장에서 대략 설명했지만, 어떠한 구체적인 경우라도 더 정확하게 서술해야 한다.

RAG 이용

레질리언스 엔지니어링은 4가지 역량 사이의 어떤 균형이나 비율을 규정하지는 않는다. 그 적절한 균형은 조직이 해야 할 일에 대한 지식과 그 일을 얼마나 잘 수행했는지에 대한 경험에 기초해야 한다. 그것은 영역(Domain)에 의존해야 하기 때문에, '표준'값을 제안하는 것은 불가능하다. 예를 들어, 소방서의 경우 예상 역량보다 대응역량이 더 중요하다. 영업조직의 경우는 예상역량은 대응역량만큼 중요할 것이다. 그러나 조직이 레질리언트한 수행역량을 보유하려면, 어느 정도의 4가지 역량들을 확보할 필요성이 있다는 것을 분명히 해야 한다. 모든 조직은 전통적으로 대응역량을 위해 약간의 노력을 기울인다. 또한 많은 조직들이 학습역량에 노력을 기울이지만 틀에 박힌 방식이 대부분이다. 특히 장기간 안정된 상태에 있었다면, 감시에 지속적인 노력을 기울이는 조직은 드물다. 그리고 예상역량에 진지한 노력을 기울이는 조직은 거의 없다.

요약하면, 제5장에서 서술한 것처럼, RAG를 사용할 때 기억해야 할 4가지 중요한 점이 있다.

- 특정 조직에 맞는 진단적이며 형성적인 4가지 질문 군을 개발한다.
- 특정 조직을 위한 4가지 역량의 기능적 결합에 대한 FRAM 모델을 개발한다. 가능하면 조직의 주요기능에 대한 FRAM 모델도 개발한다.

- 조직이 어떻게 작동하는지에 대해 아는 실제 경험을 가진 핵심 응답자그룹을 만들고 반복적으로 평가한다.
- 조직과 그 주요기능에 대해 적절한 주기로 반복적인 평가를 하기 위해 RAG를 이용한다. 평가표를 이용하여 조직의 레질리언스 역량을 관리하고 개선한다.

진단질문은 사람들의 수행 방법뿐만 아니라 조직의 수행 특징에 관한 문제로 구성되어야 한다. 그러므로 RAG의 이용은 제3의 길을 보여준다.

Chapter 08

안전의 변화하는 모습

안전이 왜 역사적으로 피해와 부상으로부터의 자유 또는 부재와 관련되어 있는지 쉽게 이해할 수 있다. 개인, 단체 또는 사회가 고통을 겪을 때 우리가 주목하는 이유는 그것이 예상치 못한 예외적 현상이고, 불편함, 고통 또는 심지어 생명이나 재산의 손실을 초래하기 때문이다. 모든 살아있는 생물체는 해로운 자극에 반응하고, 인간의 경우 반응은 생리적일뿐 아니라 심리적이며 또한 사회적이다. 우리는 피해를 입거나 부상당했을 때, 그 원인(들)을 찾고 이해하려고 노력하며, 기억하고 인식하여 학습할 수 있도록 조건을 분류하기 위해 노력한다. 개인, 집단, 사회적으로 우리는 이를 행하고 있다. 그것들의 생존가치는 반론의 여지가 없는 것이기 때문에 위해와 위험을 제거하거나 예방하는데 초점을 둔 안전에 대한 노력은 당연하다. 그 노력이 어느 정도까지는, 또는 심지어 반드시 반응적이야 한다는 것도 이상하지는 않다. 무엇인가 잘못되었을 때 자연적인 본능은, 위험에서 벗어나려고 즉각적으로 반응하는 것이다. 따라서 대부분의 안전 패러다임은 해로운 상황에서 시작한다. 그 다음 원인을 규명하고, 해결책을 찾고, 마지막으로 (가능한 한) 해결책을 구현하여 원하는 효과를 가져 올 수 있는지 확인하면서, 피해수준을 평가한다.

규칙적으로 발생하는 상황의 경우 열심히 추구했던 '받아들일 수 없는 위험으로 부터의 자유'는 일반적으로 5가지 다른 방법으로, 단독 또는 조합을 이루어 얻을 수 있다(표 8.1 참조). 첫 번째 가장 확실한 방법은, 시스템 작동방식에서 문제가 되는 활동이나 '요소'를 없애는, 즉 제거를 통한 것이다. 두 번째 방법은 인간, 그들의 능력 및 일하는 방식, 기술 또는 조직에 초점을 맞추는 재설

표 8.1 '받아들일 수 없는 위험'에 대한 가능한 반응

반응	상세한 반응	예제
제거	없애다	
재설계	인간 기술 조직	교육, 자동화로 대체, 작업 배치 향상된 디자인, 향상된 구성요소, 디스플레이 및 제어 안전문화, 의사소통, 배치
예방	물리적 장애 기능적 장애 상징적 장애 무형의 장애	벽, 울타리, 난간, 차단 봉, 운전실, 출입문 잠금장치, 연동장치, 암호 등 경고, 경고장치, 접속장치 배치, 표지판, 기호 규칙, 지침, 안전 원칙, 제한, 법
감시	온라인(동시성) 오프라인(비동시성)	측정, 주요 성과지표 테스트, 검사, 상황 보고
보호	자동관리	안전장치 비상대응, "화재진압"

계를 통한 것이다. 세 번째 방법은, 초기 상황이 발생하지 못하도록 능동적 또는 수동적인 장애물을 도입하여 예방하는 것이다. 네 번째 방법은 감시를 통하여 뜻밖의 일이 발생하더라도 그 수준을 줄이고, 가급적 예상 밖의 요소를 완전히 제거하는 것을 선호한다. 마지막 다섯 번째 방법은 어떤 일이 일어났을 때 결과로부터 보호하는 것이다. 현대의 자동차는 다섯 가지의 예 모두를 잘 보여준다. 운전자들은 실패하기 쉽게(Failure−prone) 여겨지는 것을 점차적으로 제거하거나 순환고리(Loop)에서 배제(기술로 대체)한다. 재설계(Redesign) 또한 운전자의 일자리, 개인 차량, 및 교통시스템 모두에서 널리 이용되고 있다. 예방(Prevention)은 다양하게 점차 증가하는 수동적이거나 능동적인 장애물을 이용하는데, 예를 들어, 충격흡수 부분(Crumble zone), 보조 브레이크, 구동 조절장치, 교통상황 및 운전자 상태 감시장치 등이 있다. 운전자들은 최종적으로 안전벨트, 에어백, 안전케이지(safety cages) 등으로 보호된다.

물론, 아무것도 하지 않을 가능성도 있다. 이는 위험이−또는 오히려, 손실이−받아들일 만 하다고 생각되거나, 무엇인가를 하기에 엄청난 비용이 든다고 생각될 때 발생한다.

불규칙한 상황의 경우 할 수 있는 일이 거의 없다. 그 이유는 대부분 경제적인 문제이다. 규칙적인 상황에 대응하고 발생방지를 위해 준비하는 것이 비용면에서 효과적이지만, 불규칙한 상황은 필요한 투자를 정당화할 만큼 자주 발생하지는 않는다. 체르노빌이나 후쿠시마와 같은 전례가 없는 상황은 더욱 심각하다. 광범위한 사후분석은 심리적인 위안을 제공할 수는 있지만 실질적인 개선에는 거의 도움이 되지 않는다.

사고에 대한 대응이 일반적으로 합리적이고, 공학적인 관심사로 제시되지만, 감정적이거나 정서적인 면도 있다는 사실을 숨길 수 없다. 나쁜 상황이 발생하면, 안전하다고 느낄 필요가 있는데, 때로는 그것이 안전하게 될 필요성을 지배할 수 있다. 이는 사고에 대한 대응에서 볼 수 있는데, 예를 들어 "정부는 무엇이 치명적인 버스 사고를 일으켰는지 정확하게 밝히기 위한 조사에 모든 수단을 동원할 것이라고 말했을 때"와 같은 '공적인' 대응에서 특히 눈에 띈다. 이것은 기본적으로, '당신'이 안전하다고 느끼도록 '우리'는 '우리'가 할 수 있는 모든 것을 할 것이라는 의미이다.

> 그 예는 Boeing 787 Dreamliner의 리튬이온 배터리 과열문제에서 볼 수 있다. 2012년 12월과 2013년 1월 사이에, 여러 항공기에 배터리 문제가 있었는데, 손상되었거나 화재가 발생했다. 1월 16일, 미연방 항공청(Federal Aviation Administration : FAA)은 미국에 본사를 둔 Boeing 787기의 비상 감항성 개선 지시(Airworthiness directive)를 발표했다. Boeing사는 즉시 그 원인을 찾으려 노력했다. 2013년 3월, 외부 전문가와 500명 이상의 엔지니어가 분석, 엔지니어링 작업 및 테스트에 20만 시간 이상을 실험한 후, Dreamliner의 수석 엔지니어는 Boeing사의 배터리 과열의 정확한 원인을 발견하지 못했고, 앞으로도 못할 것이라고 인정했다. 그들은 배터리 화재로 이어질 수 있는 잠재적인 80가지 문제를 조사하여, 4가지 범주로 그룹화하고 각 범주에 맞는 해결책을 고안했다. 2013년 4월 FAA는 보잉의 변경사항을 승인하고 항공기운항을 승인했다. 교통부

장관은, "대중의 안전여행이 최우선 순위에 있다. 787기 배터리의 변경은 항공기 및 승객의 안전을 보장할 것이다."이라고 말했다.

이와 같이 전통적인 안전(Safety－I)의 의미는 '없는'－부정적인 상황(실패 또는 기능장애) 또는 부정적인 결과(피해 또는 부상)가 없다면 안전하다는 의미－이다. 그 결과 위에서 요약한 바와 같이, 제거, 예방 및 보호함으로써 '없는' 상태를 수립하고 유지할 수 있도록 하는 것이 주된 노력이었다. 그것의 전형은 당연히, 유해한 영향의 침투를 막기 위한 장애물인, '심층방어(Defense in－depth)' 원칙이다. [그 기원은 도시나 성을 보호하기 위해 벽이나 성 둘레에 판 못과 같은 물리적인 방어시설이다. 또는, 최근의 동등한 개념은 1930년대에 프랑스가 세운 마지노선(Maginot line)인데 이는 적(독일)의 진행을 늦추고 공격에 대비해 군대를 동원할 시간을 버는 것이다. 그러나 '심층방어(defense－in－depth)'라는 용어는 스위스 치즈 모델에서 품격 있게 그려진 바와 같이, 장애물의 이용을 서술하기 위해 확대되었다.] 사회-기술적 환경이 안정적이고 예측 가능한 상태에 있었던 몇 세기 동안 이보다 더 좋은 용어가 없었기에 이 접근법은 효과가 있었다. 다르게 말하자면, 오랜 세월동안 변화율과 발명률은 너무 느려서 (쉽게) 관리할 수 있었다. 그러나 20세기 중반 이후는 그렇지 않았다. 그 변화는 인간의 창의력과, 우리 주변의 세계에 대한 지배력을 증가시키기 위해 끊임없는 노력이라는 두 요소의 결합 때문에 일어났다. 아이러니하게도 두 요소의 결합 효과는 우리가 처음부터 어떻게 작동하는지 이해하지 못하는 시스템을 제어하기 위해, 제어할 수 없는 솔루션을 도입하는 급변하는 불안정한 상황으로 이어졌다. 즉, 우리는 기술력을 사용하여 우리가 구축한 것을 숙달하기 위해 우리의 무능력을 보완한다. 사회-기술시스템 설계의 딜레마는 어제의 사고방식-모델, 이론 및 방법-으로 오늘의 문제를 해결하려는 시도가 우연히 내일의 복잡성을 초래한다는 것이다.

다양한 활동분야의 많은 사람들이 점차적으로 이 상황이 견딜 수 없다는 것을 인지했고, 다른 해결책의 필요성을 깨달았다. 뒤늦게 생각해 보면 이러한 인식은, 비록 딜레마가 그 당시에는 명확하게 표현되지 않았지만-완전하지는 않았지만, 부분적으로-레질리언스 엔지니어링의 발전을 위한 동기부여가 되었다.

부정적 의미의 안전

문법에서, 부정적인 결성어는 단어의 가치를 부정하거나 반전시키는 불변화사이다. 예를 들어, unprecedented에서의 un 또는 incapable에서의 in과 같은 것이다. 이것과 유추해 보면, 안전-I은 반대의 의미로, 안전이 부재하거나 결여된 상태로 정의되기 때문에 접두사의 결성어와 같다. 이것은 Reason(2000)이 안전의 역설로 인정한 바 있다. 그러나 피해와 부상으로부터 자유로운, 안전하다는 것은, '안전'이 부재한 것이 아니라 '안전의 결여'가 부재하다는 뜻이다. 이는 또 하나의 역설 또는 모순을 만들어 내는데, 안전이 부재했다고 인정하는 상황을 연구함으로써 안전에 대해서 더 많이 학습하려 한다는 것이다. 바로 '사고로부터 학습하기'이다. 다행스럽게 이 독특한 접근법을 다루는데 있어서는 안전과학

(Safety science) 학술지가 유일하다(Hollnagel, 2014b). 일반적으로 과학은 존재하는 상황에서 선택한 현상을 연구하는 것이다.

부정적 결성어로서 추위(cold)의 물리적 비유에 대해, 어떤 물리학자나 기술자라도 추위의 징조는 없다고 말할 수 있다. 단지 열이 부족할 뿐이다. 비록 우리가 추위를 막기 위해 문을 닫는다 해도, 막을 추위가 없는 것이다. 대신 우리는 열을 유지하기 위해 문을 닫을 뿐이다. 추위가 느껴질 때, 추위를 줄임으로써, 추위만 없앤다고 따뜻해지지는 않는다. 열을 가해야만 따뜻해질 수 있다(결빙을 멈춘다).

안전도 이와 유사한 상황이다. 사고가 안전의 결여를 나타내기 때문에 사고 횟수를 줄인다고 안전성을 높일 수는 없다. 우리가 잘 되는 일을 더욱 자주해야만 이 사고를 없앨 수 있다. 추위를 측정하는 것은 사고 횟수를 세어 안전을 측정하는 것과 같은 것이다. 열을 측정하는 것이 잘된 것을 측정하는 것과 같다.

이 문제를 극복하는 한 가지 방법은, 우리가 안전하지 않을 때, 사고나 사건이 일어났을 때, 우리에게 없는 안전-II를 제안하는 것이다. 간단하고 우아한 표현 방법으로써 "질병이나 허약의 부재만이 아니라 육체적, 정신적, 사회적 웰빙의 완전한 상태"와 같은 WHO의 건강 정의로 바꾸어 표현할 수 있다.

안전에 적용하면, "예상되거나 예상되지 않는 조건 모두에서 필요한 것을 수행하는 조직의 능력이며 단순히 원하지 않는 결과의 부재가 아니다"라고 바꾸어 말할 수 있다.

물리적으로 비교하자면, 안전-II는 열에 해당하는 반면 안전-I은 추위에 해당한다. 안전-I과 안전-II의 병치는 두 개의 다른

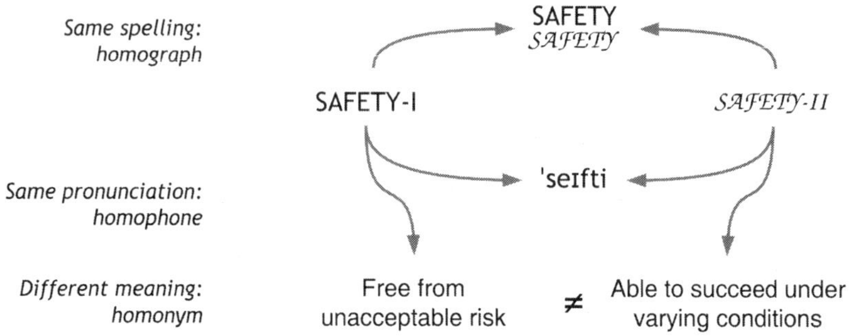

그림 8.1 안전의 모호성(Ambiguous nature)

현상이나 개념–하나는 '없는 것(without)'에 해당하고 다른 하나는 '있는 것(with)'에 해당–이 분명하기 때문에 유용하다. 이 방법이 효과가 있긴 하지만, 문제도 야기되는데, 안전–I과 안전–II에서의 '안전'은 모두 동형이의어나 동음이의어이다. 그래도 동철이의어는 아니다(그림 8.1 참조).

이 상황은 바람직하지도 실용적이지도 않다. 또한 '안전'이라는 용어를 사용하는 사람이 안전–I의 해석 또는 안전–II의 해석을 참조하는지 여부는 알 수 없기 때문에, 토론할 때 쉽게 혼란스러울 수 있다. 이 문제를 해결하는 가장 쉬운 방법은 안전–II의 의미를 나타내는 다른 단어를 찾는 것이다. 그러나 안전–I 및 안전–II의 용어를 사용하는 것은, 전통적인 안전에 대한 이해가 유일한 것이 아니라는 것을 분명히 하기 때문에 상당한 수사학적 가치가 있다. 그래도 장기적으로 한 용어로 사용하는 것이 힘들어지면 실제로는 전혀 다른 의미로 사용된다는 것을 곧 바로 추가하게 된다. (안전이 부정적으로 보일 수 있다는 것을 지적하여주신 Harold Thimbleby 교수에게 감사드린다.)

융합(Synesis)

다행스럽게도, '함께 있는(with)'이라는 - '피해나 부상이 있는'의 뜻이 아닌 '긍정적인 또는 원하던 결과가 있는'의 뜻과 같은 의미의 용어가 있다. 융합이라는 단어인데, 그리스어 σύνεσις(원래 "통일, 회의, 감각, 양심, 통찰력, 실현, 마음, 이유"의 의미)에서 파생된 전통적인 문법/수사 용어이다. 융합이 주로 문법적 구조를 서술하기 위해 사용되지만, 이 용어는 안전-II와 관련해서도 적합하다. 융합은 다수의 활동이 합쳐져서 받아들일 수 있는 결과를 제공하거나 만들어내는 상태로 정의될 수 있다. 개별 활동은 부분적으로 부조화 또는 상충될 수 있지만, 어떤 어려움도 융합에 의해 극복될 수 있고, 오늘날의 사회-기술적 시스템이 의도한 대로 기능할 수 있도록 하기 위해서 필요한 활동을 융합함으로써 극복할 수 있다. 이와 같이 우리가 클리닉이나 건설현장의 융합을 언급한다면, 우리는 효율성(자원의 합리적인 사용)과, 신뢰성(매우 예측 가능한) 그리고 수용 가능한 품질과 같은 관련된 일련의 기준이 의도하는 대로 작업장에서 활동을 수행하는데 필요한 상호 의존적인 기능의 집합을 말한다. 안전에 대해서 명확하게 언급할 필요는 없다. 수행이 잘되고 있다는 사실은 부정적 결과가 없다는 것을 의미한다. 융합이라는 용어를 사용함으로써, 안전은 '없는(without)' 것이 아닌 '있는(with)' 것으로 정의된다. 융합은 의미론적 문제를 극복하는 데도 도움을 줄 수 있다. 많은 영역에서, 건강관리가 중요한 사례이지만 결코 유일한 것은 아니며, 안전과 품질이라는 용어가 융합한다. 어떤 경우에는 품질이 안전의 구성요소로 보이지만, 다른 경우에는 그 반대의 관계가 유지된다고 가정된다. 안전성과 생산성, 생산성과 품질 면에서도 마찬가지다.

우리는 안전의 관점, 품질의 관점, 생산성의 관점으로부터 과정이나 작업상황을 볼 수 있다. 그러나 각각의 경우에 어떤 특정한 관점은 일어나는 일의 일부만을 나타내고 있음을 알아야 하고, 일어나고 있는 모든 일을 이해하는 것이 중요함을 명심해야 한다. 융합은 안전-II라는 용어보다 더 타당하므로, 앞으로는 융합이라는 용어를 더 많이 사용하고자 한다.

측정의 변화하는 모습

안전의 변화하는 면은 또한 우리가 안전을 측정하는 적절한 방법을 찾거나 오히려 융합을 측정해야 한다는 것이다. Kelvin 경의 유명한 성명서에 의하면 오직 필수다양성의 인공두뇌 법칙으로 측정할 수 있는 것만 알 수 있다. 때문에 무언가를 관리하기 위해서는 그것이 무엇인지-그것의 모델을 만들기 위해-알아야 하고, 어떻게든 그것을 측정할 수 있어야만 한다는 것은 명백하다. 안전-I에서는 전통적으로 원치 않는 결과들(사고, 사건, 휴업재해 등)을 측정했고, 따라서 더 높은 수준의 안전-I이 어떤 측정방법을 사용했건 더 낮은 가치를 나타내는 아이러니한 상황을 초래한다.

안전을 측정하는 전통적인 방법은 다음과 같이 표현할 수 있다.

$$\text{safety} = \sum_{1}^{n}(\text{Adverse outcomes}_i)$$

계산된 부정적 결과는 당연히 알려진 원인 또는 원인들, 일종의 실패, 오작동, 결핍 또는 알 수 없거나 제어되지 않은 위험 및 위해의 결과 또는 영향이라고 충분히 가정할 수 있다. 안전에 대한 이러한 측정방법의 장점은 부정적 결과를 쉽게 발견할 수 있어서 계산하기도 쉽다. 관리와 제어공학의 관점으로서 단점은, 시간이 지남에 따라 그리고 안전-I이 개선됨에 따라, 측정요소가 점점 줄어들고, 따라서 효과적인 관리를 지원하기 위한 피드백이나 정보/데이터가 점점 줄어든다. 사실, '실패로부터의 학습'과 '무재해' 또는 '무사고' 비전의 결합은 학습할 것이 전혀 없는 상황이 되고, 따라서 개선할 수 있는 근거가 없다.

2001년, 미국의 조직 이론가인 Karl Weick은 안전이 '동적 비사건(non-event)'으로 이해될 수 있다고 제안한 것으로 유명한데, 즉 안전은 일어난(부정적) 결과가 아닌 일어나지 않은 또는 회피한(부정적) 결과라는 것이다(Weick, 1987). 이와 같이 다르게 표현하는 것은 타당하다. 안전관리의 목표는 나쁜 결과가 없거나 다른 말로 하면 일이 잘 되어가는 것을 보장하는 것이기 때문이다. 안전을 측정하는 방법으로서 이것은 논리적으로 다음과 같은 결과를 나타낸다.

$$\text{safety} = \sum_{1}^{n}(-\text{Adverse outcomes}_i)$$

이 정의는 안전이 실패(잘못되는 일)의 존재가 아닌 부재로 특징지워지지만, 이 부재는 적극적이고 지속적인 노력의 결과라는 것을 의미한다. 실질적인 문제는 이런 의미의 안전성은 관찰되거나 측정될 수 없는 것으로 표현된다는 것이다. 예를 들어, 교통사고로 사망한 사람의 수 또는 열차가 철도망에서 신호(SPAD-또는 열차통과 위험신호)에 멈추지 않은 횟수는 계산할 수 있다. 그러나 비사건(non-event)을 세는 것은 불가능하다. 교통사고 사망자의 경우 교통사고로 사망할 수 있었던 사람이 사망하지 않은 경우의 수를 세는 것은 의미가 없다. 열차통과 위험신호(SPAD)의 경우 원칙적으로 기차가 정지신호에 정지한 횟수를-주어진 지역과 주어진 기간에 한해-셀 수는 있다. 그러나 이것은 매우 비실용적인데, 특별히 요즘은 이러한 숫자에 대한 관심이 없기 때문이다.

동적 비사건의 수에 대한 안전의 정의는 흥미롭고, 원칙적으로 (또는 정신적으로) "실패는 성공의 이면"이라고 처음부터 강조했던 레질리언스 엔지니어링과 조화된다. 하지만 안전-II의 정의와 완벽하게 일치하려면, 안전을 '동적 사건', 즉 잘된 상황이나 활동으로 생각하는 것이 더 낫다. 그리고 안전에 대한 측정, 즉 받아들일 수 있는 결과의 수로 제안하는 것은 복잡하지 않다. 이는 또한 안전성이 높아짐에 따라 안전성의 측정요소가 증가한다는 것을 의미하기도 한다.

$$\text{safety} = \sum_{1}^{n}(\text{Acceptable outcomes}_i)$$

안전, 즉 융합은 받아들일 수 있는 결과가 존재하는 것이다. 이것이 더 많을수록 시스템은 더 안전하다. 필요한 것은 성공적인 결과의 의미 있는 범주를 제안하는 것이다. 이것이 전통적인 안전관리에 익숙하지 않기 때문에 처음에는 어려워 보일 수도 있지만, 실제로는 그렇지 않다. 실제 조직의 다른 측면들을 관리할 때-생산성, 품질, 고객만족도 등과 같이-꽤 자연스럽게 행해진다.

제품 및 공정측정

인식 가능한 결과의 측정은, 받아들일 수 있건 없건 간에, 편리하고 대개 쉽게 얻을 수 있는 반면 주요 개념적 문제는 감춘다. 즉, 결과를 가져오는 "메커니즘"은 무엇인가? 다른 말로, 측정된 결과를 나타내는데 사용할 수 있는 설명(이론, 모델)은 무엇인가?

이 문제는 그림 8.2에 설명되어 있다. 우리는, 그렇게 해야만 하기도 하지만, 어떤 방식으로든 그 결과는 조직이 기능하는 것의 결과라고 가정한다. 또한 우리는 조직을 어떤 식으로든 통제함으로써 그 기능에 영향을 미칠 수 있다고 가정한다. 이 가정은 상대적으로 간단할 수 있는데, 그 예로서 균형성과표(Balanced Score Cards)의 전략도를 포함하여, 안전-I의 모델과 대부분 조직의 모델에 속하는 선형 인과관계(Linear causality)에 대한 신념을 들 수 있다. 이 가정은 고 신뢰성 조직에서와 같이 더 정교할 수 있으며, 복잡계 적응시스템이나 레질리언스 엔지니어링에서와 같이 비선형적일 수도 있다.

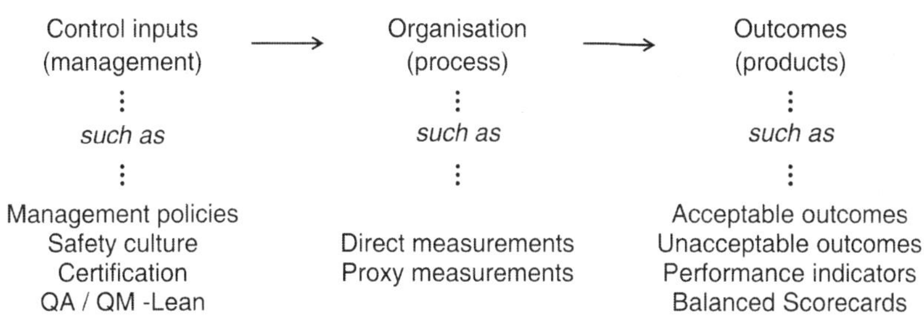

그림 8.2 측정유형 : 제품, 프로세스, 프록시

결과 또는 제품을 기반으로 한 측정은 일반적으로 간단하지만 그 중요함은 근본 모델 또는 조직 기능이 어떻게 작동하는지에 대한 가정에 따라 다르다. 예를 들어 안전문화의 경우와 같이, 조직(프로세스)과 결과(제품) 간의 관계가 흔히 저평가되거나 매우 일반적인 조건으로 표현되기 때문에, 결과의 측정이 조직의 관리를 위한 최상의 기준은 아니다. 결과의 측정은 또 다른 문제가 있는데, 특히 결과가 발생하기 전 상당한 지체나 지연이 있을 수 있다.

HSMR(제5장)의 예에서 결과 측정의 문제점 중 일부를 설명했다. 더욱 심각한 문제는 기능과 결과 간의 관계가 거의 명확하지 않다는 것이다. 따라서 '불안전' 한 조직이 장기간의 운영에도 사고가 발생하지 않을 수도 있고, 안전한 조직에서 오히려 사고가 발생할 수도 있다. 다시 말해, 조직의 '안전수준'과 부정적 결과의 수 사이에는 단순한 관계가 없다-아마도 '안전수준'이 너무나 단순한 개념이기 때문일 수도 있다.

또한 측정이 실패와 사고의 스냅샷과 관련이 있는지(그림 1.1 참조), 또는 훨씬 더 빈번하게 받아들일 수 있는 결과와 관련이 있는지 여부에 대한 문제도 있다. 그러므로 더 나은 해결책은 직접 측정과 프록시 측정간 구별이 가능한, 프로세스 측정에 대한 안전관리를 기초로 하는 것이다. 직접 측정방법을 찾는다면, 실행된 작업(WAD)과 관련된 측정을 의미하는 것이 많다.

기술적인 시스템의 경우는, 세탁기에서 원자력 발전소에 이르기까지, 일반적으로 관련 프로세스의 측정을 정의하고 (프로세스는 설계되고 잘 알려져 있기 때문에) 측정하는 것은 모두 간단하다. 사회-기술적인 시스템의 경우는 훨씬 더 어렵고, 거의 불가능에 가깝다. 이것은 다양한 형태의 통계적 공정관리(SPC), 6-Sigma, 균형성과표(BSC) 등과 같은 시도와 실증은 부족하지 않지만-엄밀히 말하면, 일부는 위장된 측정 결과이다. 사실은, 직접적인 프로세스 측정이 너무 많아 변동이나 일시적 변화가 발생할 수 있다는 것은 문제가 될 수 있다. 그러나 세 번째 가능성은, 즉 제5장에서 논의된 바와 같이, 4가지 레질리언스 역량을 프록시 측정으로 사용하는 것이다. 프록시 측정은 원하는 결과와 관련성이 높거나 매우 연관성이 높은 간접적인 측정방법이다. 이 경우 원하는 결과는 레질리언스 정의에 따른, 레질리언트한 수행력이 된다.

RAG의 목적은 레질리언스 수행역량을 평가하기 위한 것이다. 안전-II의 관점에 따라 대응, 감시, 학습 그리고 예상역량에 대한 평가로 안전성(또는 시너지)을 '측정'할 수 있다. 특정범주의 특정 결과를 측정하는 것보다 4가지 역량을 평가하거나 '측정'하는 것이 여러 면으로 더 간편하다. 평가는 명확한 개념적 근거를 갖고 있기 때문에 본질적인 의미가 있다. RAG에 의해 다루어진 특정 항목에 있어서 개입(Intervention)을 위한 구체적인 제안을 하고 FRAM모델에 의해 서술된 의존성(Dependencies)을 생각하며, RAG는 '레질리언스 문화' 구축을 지원하기 위해 사용될 수도 있다.

안전문화의 변화하는 모습

안전의 변화하는 모습은 불가피하게 안전문화의 정의를 포함한 여러 가지 다른 것들에 대한 결과를 가져올 것이다.

국제원자력 안전자문그룹(International Nuclear Safety Advisory

Group : INSAG)은 안전문화를 "최우선의 가치로서, 원자력 시설의 안전이 그 중요성에 따라 보장된 관심을 받도록 하는 관련 조직과 개인의 특성 및 태도들의 집합체"라고 정의했다(INSAG–4, 1991). 최근에는 "안전문화의 개념은 조직이 문화적 시선을 통해 안전문제와 어떻게 관련되어 있는지 분석하는 방법"(IAEA, 2016)이 추가되었다. 원래 정의의 수정본보다 더 많이 지적받긴 했지만, 더 대중적인 버전은 "여기서 우리가 안전을 지키는 방식"이다. 그러나 두 경우 모두 안전문화의 정의는, 그 자체로는 정의되지 않은, '안전'을 나타낸다.

> (정의는 다음과 같이 다시 작성될 것이 분명하다 : "X문화란 최우선의 가치로서, X의 중요성에 따라 보장된 관심을 받도록 하는 관련 조직과 개인의 특성 및 태도들의 집합체"이다. 제1장에서 언급한 ICAO의 정의도 같은 문제가 있다 : "X 관리시스템은 … 필요한 조직 구조, 책임감, 정책 및 절차를 포함한, X를 관리하는 체계적인 접근 방식이다." 두 경우 모두 정의는 분석적이다. 즉, 속성의 개념은 주제의 개념에 포함되어 있다 –다시 말해 'X'이다.)

이 맥락으로 볼 때 '안전'이라는 용어는 안전–I의 해석을 나타내며, 따라서 안전은 '받아들일 수 없는 피해로부터 자유'라는 것이 분명하다. 그러나 정의의 구조에서 안전–II 또는 융합을 서술할 수 없도록 막는 것은 의미가 없다.

단지 필요한 것은 술부(Predicate)를 보다 명확하게 만드는 것이다. 안전-I의 경우, 그 정의는 "부정적 결과의 수를 허용수준 이하로 유지하는 데 기여하는 조직과 개인의 특징과 태도의 집합"으로 정의할 수 있다. 마찬가지로, 안전-II의 정의는 "성공적인 수행에 기여하고 유지하는 조직과 개인의 특징과 태도의 집합"이다. 다른 말로 하면, 안전문화는 '안전의 문화'로 정의되어서는 안 된다. 그 자체가 아닌 다른 것으로 정의되어야 한다.

변화하는 안전의 의미는 현재 안전-I 어휘의 일부인 다른 많은 개념을 낳을 것이다. 예를 들어, Reason(1998)은, 안전문화는 보고문화와 공정문화를 필요로 하는 숙련된 문화(informed culture)라고 제안했다. 보고문화는 사건, 사고위기 및 기타 '자유학습(free lessons)'에서 얻은 지식을 수집하는 것이 필요하며, "자신의 착오(slip), 상기실패(lapses) 및 실수(mistakes)를 기꺼이 고백할 수 있는" 공정문화가 필요하다고 했다. 두 경우 모두 부정적 상황과 부정적 결과, 잘못되는 일에 초점이 맞추어져 있다. 그러나 이 대신 융합, 받아들일 수 있는 결과 및 그 결과가 산출되는 방식에 초점이 맞춰진다면, 보고문화 혹은 공정문화는 거의 필요 없거나 없어도 된다. 보고는 실행된 작업(WAD)에 대한 정보와 조직 전체에서 발생하는 크고 작은 조정에 대한 정보로 대체된다. 이 정보는 조직을 관리하고, 조직이 예상했거나 예상치 못한 상황에서 필요에 따라 기능할 수 있도록 보장하며, 또한 대신할 수 있는 어떠한 학습 및 개선에도 필요하다. 사람들에게 어떻게 실패했는지에 대한 질문보다는, 작업을 어떻게 하는지, 예상치 못한 조건과 상황에 어떻게 대처하는지, 그리고 견고하고 효과적인 작업패턴을 어떻게 개발하는지 등에 대해 질문함으로써, 공정문화의 필요성은 사라진다. 자신의 경험을 공유하기 위해 사람들을 옹호할 필요는 없으며, 보통 많은 격려가 필요하지도 않다.

레질리언트한 수행을 위해서, 받아들일 수 있는 결과를 만들기 위한 다양한 활동이 어떻게 서로 협력하는지, 융합이 어떻게 개발, 분석 및 유지될 수 있는지를 조직은 알아야 한다. 이것이 실제로 어떻게 실행될 수 있는지 보여줌으로써 RAG는 안전-II 관리-융합 관리-의 도구가 된다.

부록 : FRAM 입문

이 부록은 FRAM(Functional Resonance Analysis Method)에 대한 간단한 소개 및 지침을 제공한다. 더 자세한 설명은 www.functional resonance.com과 Hollnagel(2012)에서도 볼 수 있다.

FRAM의 목적은 무엇이 어떻게 이루어지는지, 어떻게 실행되었는지 또는 어떻게 그것을 표현(Representation)할 수 있는지를 분석하는 것이다. 이 표현은 잘 규정된 형식을 사용하여 무엇이 어떻게 실행되는지에 대한 근본적인 특징을 포착하기 때문에 효과적인 활동모델이다. FRAM의 중요한 특징은, 각 활동들이 결합하거나 상호의존적인 방식을 충분히 서술하기 위해 활용되는 각 기능들이다.

모든 안전성 분석기법은 이미 존재하는 모델을 참조한다. 근원분석(RCA)은, 예를 들어 (근원)원인으로 시작하여 관찰된 결과로 끝나는 단일 또는 다중의 인과관계 사슬에 의한 부정적 결과와 상황을 나타낸다(도미노모델 참조, Heinrich, 1931). TRIPOD는 잠재적 조건(Latent coditions)과 능동적 실패(Active failures)요소의 조합으로서 사고, 사건 및 사고위기의 기본적 요소를 확인하는 것이 목표이다(스위스치즈모델 참조, Reason, 1990). 그리고 AcciMap (Rasmussen & Svedung, 2000)은 6가지 시스템 레벨에 가능한 원인을 맵핑하여 복잡계 사회-기술시스템의 사고를 나타낸다. 이

분석도는 상황과 활동들의 물리적 순서에서부터 정부, 규제 및 사회적 차원의 원인에 이르기까지의 연결망이다. 이러한 각 기법은 본질적으로 상황을 모델에 맵핑한다. STAMP나 Bow-Tie와 같은 다른 기법들도 마찬가지다.

FRAM은 두 가지 면에서 다르다. 첫째, 이것은 단지 안전 또는 위험분석만을 위한 것이 아니고 모델(설명)을 생성하기 위하여 활동을 분석하는 방법이다. FRAM은 안전 분석뿐만 아니라, 직무 분석, 시스템 설계 등에도 사용될 수 있다. 둘째, 이것은 기존 모델을 참조한 것이 아니라 일이 어떻게 발생하는지에 대한 4가지 원칙이나 가정(Assumptions)을 참조한다. FRAM은 방법이 있는 모델(model-cum-method)이 아닌 모델이 없는 방법(method-sine-model)이다.

첫 번째 원칙 : 성공과 실패의 등가성(Equivalence)

사고와 사건에 대한 설명은 일반적으로 시스템 또는 상황을 부분으로 분해하거나 사람과 기계와 같은 물리적인 부분 또는 프로세스의 개별 행동이나 단계와 같은 활동들의 부분을 분석하는 데 의존한다. 결과는 부분 간의 선형 인과관계로 설명되며 부정적 결과는 부분의 고장이나 실패로 인한 것이다. 이것은 잘못되는 일의 원인이 잘되는 일의 원인과 다르다는 것을 의미한다. 그렇지 않으면 받아들일 수 없는 결과의 원인을 '발견과 개선(Find and Fix)' 하는 노력도 받아들일 수 있는 결과의 발생에 영향을 미친다. FRAM과 레질리언스 엔지니어링은 다른 접근법을 취한다. 즉, 잘

되는 일과 잘못되는 일은 거의 같은 방식으로 일어난다는 것이다. 결과가 다르다고 해서 그 (원인) 설명 또한 달라야 한다는 것을 의미하지 않는다. 근사조정(Approximate Adjustments)의 원리가 그 이유를 설명한다.

두 번째 원칙 : 근사조정

인간은 기계가 아니기 때문에 사회-기술 시스템을 세부적으로 명시할 수가 없다. 효과적인 작업은 현존하는 조건들(자원, 시간, 도구, 정보, 요구사항, 기회, 충돌, 중단)을 적절히 조정하는 지속적인 수행을 필요로 한다. 조정은 개인과 단체 및 조직에 의해 수행되며 특정직무의 수행으로부터 계획 및 관리에 이르기까지 모든 단계에서 수행된다. 자원(시간, 재료, 정보 등)은 거의 항상 제한적이기 때문에, 조정은 일반적으로 정확하기보다 근사(Approximate)하게 된다. 이것은 사람들이 무엇을 기대하는지 알고 그것에 대해 보상할 수 있기 때문에 거의 중요하지 않다. 근사조정은 대부분의 일이 잘되는 이유이기도 하지만 때로는 잘못되는 이유이기도 하다.

세 번째 원칙 : 발현적 결과(Emergent Outcomes)

개별 기능의 변동성이 어떤 일의 잘못되는 원인이 되거나 실패로 서술될 정도로 그리 크지 않다. 반면에 여러 기능의 변동성은 예상치 못하거나 불균형의 결과를-부정적인 결과뿐 아니라 긍정적인 결과까지도-초래할 수 있는 예측하지 못한(비선형) 방법으로 결합할 수 있다. 받아들일 수 있거나 받아들일 수 없는 결과 모두는 특정요소 또는 부분의 고장이나 실패로 시작하는 단일 원인 혹은 다중의 인과관계 사슬의 결과가 아닌, 일상적인 조정에 기인한 변동성에서 발생한다고 설명할 수 있다.

네 번째 원칙 : 기능공명(Functional Resonance)

선형 인과관계의 대안으로, FRAM은 두 개 이상 기능의 변동성이 동시에 일어날 수 있고, 결과 또는 출력의 변동성을 만들기 위해 각 기능을 서로 약화시키거나 증폭시키려고 의도할 수 있다. 그것은 불균형적으로 크다. 후자의 경우 그 결과는 공명현상과 유사하게 다른 기능에 영향을 미칠 수 있도록 확대될 수 있다.

기능공명은 다수의 근사조정이 동시에 일어날 때 사회-기술시스템에서 발생할 수 있는 명확한 수행 변동성을 설명할 수 있다. 근사조정은 인식 가능한 소규모의 조정 또는 체험으로 이루어지므로 수행 변동성은 무작위가 아니다. 사람들의 행동과, 다른 사람들의 행동에서 비롯되는 것들을 포함한 예상치 못한 상황의 대응방식에는 규칙성이 있다. 기능 공명은 비인과적(발현적) 및 비선형적(불균형적)인 결과를 모두 이해할 수 있는 체계적인 방법을 제공한다.

FRAM 개발의 기본개념

FRAM은 일반적으로 어떻게 활동이 이루어지는지에 대한 설명이나 표현을 만들기 위한 체계적인 접근방식이다. 수행(Performance)

은 활동을 이행하는 데 필요한 기능, 기능 간 잠재적 결합 그리고 전형적인 기능 변동성에 관하여 서술된다. FRAM의 목적은 일반적으로 이루어지는 일상에 대한 간결하고 체계적인 설명을 제공하는 것이다.

FRAM에서 기능(Functions)의 의미

FRAM에서 기능은 목표를 달성하는 데 필요한 수단을 나타낸다. 더 일반적으로, 기능은 특정 결과를 만들기 위해 필요한–단순하거나 복잡한–행위나 활동을 나타낸다.

- 기능은 일반적으로 특정 기능을 수행하는 사람들이–개별 또는 집단적으로–특정 직무를 수행하고 특정 목표를 달성하기 위해 무엇을 해야 하는지 서술한다. 예를 들어, 환자의 분류 또는 활주로에 착륙하는 항공기 안내와 같은 것이다.
- 기능은 조직에서 하는 작업까지도 참조할 수가 있다. 예를 들어, 사람과 물품을 운송하는 철도의 기능과 같은 것이다.
- 마지막으로, 기능은 기술시스템이 스스로 하는 것(로봇과 같이, 자동화된 기능) 또는 한 명 이상의 사람들이(공항의 체크인 키오스크와 같은, 상호작용을 하거나 사회–기술적 기능을 하는) 함께할 수 있는 것들을 참조할 수 있다.

수행한 것 또는 활동 표현을 강조하기 위해, 기능은 동사나 동사 구문으로 서술하는 것이 좋다. 예를 들어 "환자를 진단하는 것" 보다 "환자를 진단하다" 또는 "정보를 요청하는 것" 보다 "정보를 요청하다"라고 서술하는 것이 좋다.

FRAM에서 측면(Aspects)의 의미

기능은 6가지 측면으로 서술한다 : 입력, 출력, 전제조건, 자원, 제어 및 시간. FRAM의 일반적인 규칙은, 분석팀이 적절하다고 생각하는 충분한 정보나 경험이 있는 경우 기능의 각 측면을 서술해야 한다는 것이다. 각 기능의 6가지 측면을 모두 서술할 필요는 없으며, 때로는 모두 서술하는 것이 불가능하거나 불합리적일 수 있다. 그러나 최소한, 모든 전경기능(Foreground function)은 하나의 입력과 하나의 출력을 서술해야 한다. 주목할 것은, 입력과 출력 측면이 서술된 경우에만 통상의 플로우차트나 네트워크 도표로 축소된다. FRAM의 각 측면은 명사나 명사구로 서술할 것을 권한다. 다른 말로 하면, 측면은 어떤 일의–활동이 아닌–상태 또는 결과로 서술된다.

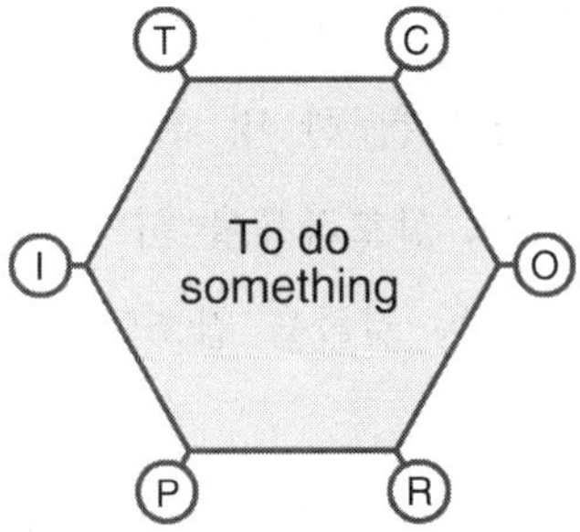

그림 A.1 FRAM 기능

- 입력(I)은 전통적으로 출력을 생성하는 그 기능에 의해 사용되거나 변환된다. 입력은 물질, 에너지 또는 정보를 나타낼 수 있다. 또한 입력은 무엇인가를 시작하기 위한 승인이나 지시와 같이, 기능을 활성화하거나 시작하는 것일 수 있다. 입력은 데이터 또는 정보의 형태로 보일 수 있으며, 더 일반적으로는 시작신호로 해석된다. 형식적으로, 입력은 에너지, 정보 또는 위치 면에서 항상 환경 상태의 변화의 결과이다. 그러므로 입력은 항상 명사나 명사구 형태로 서술한다. 하나의 기능에 입력이 서술되면, 다른 기능으로부터의 출력도 서술되어야 한다.
- 출력(O)은 예를 들어, 입력의 처리 결과와 같은, 기능이 수행한 결과를 서술한다. 출력은 물질, 에너지 또는 정보를 나타낼 수 있다. 후자의 예는 허가, 승인 또는 결정의 결과 등이다. 출력은 하나 이상의 출력 변수(Parameters)의 상태변화를 서술한다. 예를 들어, 출력은 다른 기능을 시작하는 신호일 수 있다. 출력의 서술은 명사 또는 명사구로 한다. 한 기능에 출력이 서술되면, 다른 기능의 입력, 전제조건, 자원, 제어 또는 시간 측면도 규정되어야 한다.
- 일부 기능은 하나 이상의 전제조건(P)이 설정되기 전에는 시작할 수가 없다. 이러한 전제조건은 존재해야 하는 시스템의 상태 또는 기능이 수행되기 전에 확인해야 하는 조건으로 이해될 수 있다. 그러나 전제조건 자체만으로는, 기능을 활성화할 수 있는 신호를 구성하지 않는다. 이 간단한 규칙을 이용하여 어떤 것을 입력 또는 전제조건으로 서술해야 하는지 여부를 결정할 수 있다. 전제조건의 서술은 명사 또는 명사구로

한다. 하나의 기능에 전제조건이 규정되면, 다른 기능으로부터의 출력도 규정되어야 한다.

- 자원(R)은 기능이 수행되는 동안 필요하거나 소모되는 것이다. 자원은 물질, 에너지, 정보, 능력, 소프트웨어, 도구, 인력 등을 나타낼 수 있다. 기능이 수행되는 동안 일부 자원은 소모되는 반면 다른 것들은 소모되지 않기 때문에, (올바른) 자원과 실행조건을 구별하는 것이 유용하다. (올바른) 자원은 기능에 의해 소모되므로 점차적으로 감소될 것이다; 실행조건은 기능이 활성화 되었을 때만 필요하거나 존재한다(전제조건과 실행조건의 차이점은, 기능을 시작하기 전에는 전자만 필요하고, 실행되는 동안에는 필요하지 않다). 자원, 실행조건에 대한 서술은 명사 또는 명사구로 한다. 하나의 기능에 자원이 규정되면, 다른 기능으로부터의 출력도 규정되어야 한다.
- 제어(C)는 원하는 출력을 생성하도록 기능을 조절한다. 제어는 계획, 일정, 절차, 일련의 가이드라인 또는 지침, 프로그램(알고리즘), '측정과 수정'의 기능성 등이 될 수 있다. 또한, 덜 공식적인 유형의 제어는 사회적 통제 또는 작업 수행 방법에 대한 기대 등이다. 사회적 통제는 다른 사람(경영진, 조직, 동료)에 대한 기대와 같이 외부적일 수 있고, 예를 들어 직업에 대한 습관적인 행동 계획이나, 다른 사람들이 우리에게 기대하는 바를 예상하는 것과 같이 내부적일 수도 있다. 제어에 대한 서술은 명사 또는 명사구로 한다. 하나의 기능에 제어 측면이 규정되면, 다른 기능으로부터의 출력도 규정되어야 한다.

- 시간(T)은 기능의 수행에 영향을 줄 수 있는 다양한 방법을 나타낸다. 예를 들어, 기능은 다른 기능의 전 또는 후에, 다른 기능과 겹치거나 평행일 때, 또는 일정 기간 내에 수행(또는 완료) 되어야 한다. 시간의 서술은 단일 단어인 경우 명사로 하며, 짧은 문장인 경우 명사로 시작한다. 하나의 기능에 시간이 규정되면, 다른 기능으로부터의 출력도 규정되어야 한다.

결합(Couplings)

결합은 기능이 서로 어떻게 연결되는지 또는 어떻게 서로 의존하는지를 서술한다. 형식적으로, 한 기능의 출력이 다른 기능의 입력, 전제조건, 자원, 제어 또는 시간과 대응하는 경우 두 개의 기능은 결합되었다고 한다. FRAM에 의해 서술된 결합은, 즉 공통 측면(Common aspects)으로 인한 의존성은, FRAM은 특정 상황을 적용하지 않고 기능 간의 가능한 관계 또는 의존성을 서술하기 때문에 잠재적 결합(Potential couplings)이라 부른다. FRAM의 예시화(Instantiation)는 주어진 조건 또는 주어진 기간 내 기능의 부분집합이 실제로 어떻게 결합하는지를 나타낸다. 부분집합은 특정 상황 또는 특정 시나리오에서 발생했거나 발생할 것으로 예상되는(가능성이 높은) 실제 결합 또는 의존성을 나타낸다. 특정 예시화를 위해 서술된 결합은 변하는 것이 아니고 가정된 조건을 위해 '결정'하거나 '고정'하는 것이다. 상황분석을 위한 예시화는 일반적으로 상황의 전체 기간과 그 당시 존재했던 결합들을 포함한다.

전경과 배경(Foreground and Background) 기능

FRAM의 기능은 전경과 배경 기능으로 서술될 수 있다. 이 용어는 관련된 기능의 유형과는 관계가 없지만, 특정 모델에서-또한 예시화 모델에서-기능의 역할과 관련이 있다. 기능이 연구 초점의 일부 인 경우 전경 기능으로 간주되며, 실제로 기능 변동성이 조사되고 있는 활동의 출력에 영향을 미칠 수 있는 경우를 의미한다. 배경 기능은 전경 기능에 의해 이용되는 무엇인가를 설명하는데 이용되지만, 분석상황 하에서는 안정적인(변화하지 않는) 것으로 간주된다. 예를 들어, 자원(인력의 적절한 수준 또는 직원의 능력) 또는 지침(제어) 등이 될 수 있다.

개인의 능력은 일반적으로 일을 수행하는 동안 안정적인 것으로 가정해야 하며, 지침 또한 안정된 것으로 간주해야 한다. 이것은 능력이 충분하거나 지침이 정확 하다는 것을 의미하는 것이 아니라, 일을 수행하는 동안 안정적인 것으로 간주되어야 한다는 뜻이다. 따라서 전경-배경 기능이라는 용어는 그 모델에서 기능의 상대적 중요도를 나타내며 기능 자체와는 관련이 없다. 연구의 초점이 변경되면, 기능이 전경 기능에서 배경 기능으로 변경될 수도 있고 그 반대의 경우도 있을 수 있다.

전경 기능의 경우, 최소한 입력 및 출력을 서술할 필요가 있다. 무엇인가의 근원을 나타내는 배경 기능의 경우, 출력을 서술하는 것으로 충분할 수 있다. 유사하게, 분석에 포함되지 않는 하류 기능(Down stream)에 대한 플레이스홀더 역할을 하는 배경 기능의 경우는, 입력을 서술하는 것으로 충분할 수 있다. 이는 배경 기능에 도달할 때마다 FRAM 확장이 중지됨을 의미한다. (예를 들어, 그림 6.5는, 9개의 배경 기능을 포함하지만 전경 기능은 두 개 뿐이다.)

상류와 하류(Upstream and Downstream) 기능

전경과 배경이라는 용어는 모델에서 기능의 역할을 나타내지만, 상류와 하류라는 용어는 초점이 맞춰진 기능과 다른 기능 간 일시적 관계를 서술하는데 이용된다. FRAM 분석은 단계별 기능 간의 잠재적 결합에 의해 일어난다. 이 말은 곧 항상 초점이 맞춰진, 즉 변동성이 고려되는 하나 이상의 기능이 있다는 의미이다. 이미 수행된 기능을 의미하는, 이전에 초점이 맞춰진 기능을 상류 기능이라고 한다. 또한, 초점이 맞춰진 기능을 따르는 기능을 하류 기능이라고 한다. 어떤 기능이라도 분석을 수행하는 동안 하류에서 초점이 맞춰지는 상태로 변경되어 상류 기능으로 변경할 수 있다.

FRAM은 특정 상황이 아닌, 일반적인 상황에 대한 그 기능 간 잠재적 결합을 서술한다. 따라서 기능이 항상 다른 기능의 전후에 수행될지 여부를 확실하게 말할 수는 없다. 이는 모델을 예시화 할 때만 결정할 수 있다. 대조적으로, 전경 기능과 배경 기능의 분류는 모델의 예시화로 모두 타당하게 할 수 있다.

모델의 예시화는 특정 상황이나 시나리오에 대한 자세한 정보를 이용하여 사례 또는 모델의 특정한 예를 만든다. 이것은 각 기능, 운영환경 그리고 상류-하류 결합에 얼마나 많은 변동성이 있는지에 따라 시나리오에서 일어나는 순서를 반영하는, 기능의 일시적인 구성에 해당한다.

FRAM의 그래픽 표현(Graphical Representation)

위에서 설명한 것처럼, FRAM 모델은 시스템의 기능(전경 및 배경 기능의 통합)을 나타낸다. 이 모델은 기능의 각 측면에서 파생될 수 있는 기능들 간의 잠재적 결합 또한 서술하고 있다. FRAM의 그래픽 표현은 육각형을 사용하여 기능을 나타내고 기능들 간의 잠재적 연결을 보여준다. FMV(FRAM Model Visualiser)는 여기에 서술하진 않았지만 www.functionalresonance.com에서 현재 버전과 간략한 설명을 언제든지 다운로드할 수 있으며, 이 책에 나온 모든 FRAM 모델에 사용된다. 그래픽 표현에서 육각형의 기본 방향(좌우 상하)이나 순서는 규정하지 않는다.

참고문헌

Ashby, W. R. (1956). *An introduction to cybernetics*. London: Chapman & Hall.

Australian Radiation Protection and Nuclear Safety Agency (ARPANSA) (2012). Holistic Safety Guidelines V1 (OS-LA-SUP-240U). Melbourne, Australia: ARPANSA.

Baumard, P. and Starbuck, W. J. (2005). Learning from failures: Why it may not happen. *Long Range Planning*, *38*, 281–298.

Besnard, D. and Hollnagel, E. (2012). I want to believe: Some myths about the management of industrial safety. *Cognition, Technology & Work*, *16*(1), 13–23.

Burke, W. W. and Litwin, G. H. (1992). A causal model of organizational performance and change. *Journal of Management*, *18*(3), 523–545.

Carpenter, S. et al. (2001). From metaphor to measurement: Resilience of what to what? *Ecosystems, 4*, 765–781.

Chapman, D. W. and Volkman, J. (1939). A social determinant of the level of aspiration. *Journal of Abnormal and Social Psychology*, *34*, 225–238.

Conant, R. C. and Ashby, W. R. (1970). Every good regulator of a system must be a model of that system. *International Journal of Systems Science, 1*(2), 89–97.

Dekker, S. W. A. and Hollnagel, E. (2004). Human factors and folk models. *Cognition, Technology & Work*, *6*, 79–86.

Foster, P. and Hoult, S. (2013). The safety journey: Using a safety maturity model for safety planning and assurance in the UK Coal

Mining Industry. *Minerals*, *3*, 59–72.

Haavik, T. K. et al. (2016). HRO and RE: A pragmatic perspective. *Safety Science*, http://dx.doi.org/10.1016/j.ssci.2016.08.010.

Hale, A. R. and Hovden, J. (1998). Management and culture: The third age of safety. A review of approaches to organizational aspects of safety, health and environment. In A. M. Feyer and A. Williamson (Eds.), *Occupational injury. Risk prevention and intervention.* London: Taylor & Francis.

Hamel, G. and Välikangas, L. (2003). The quest for resilience. *Harvard Business Review, 81*(9), 52–65.

Heinrich, H. W. (1931). *Industrial accident prevention.* New York: McGraw-Hill.

Holling, C. S. (1973). Resilience and stability of ecological systems. *Annual Review of Ecology and Systematics, 4*, 1–23.

Hollnagel, E. (2001). "Managing the Risks of Organizational Accidents" from the cognitive systems engineering viewpoint. Presentation at panel discussion on the "Prevention and Risk-mitigation of System Accidents from the Human-Machine Systems(HMS) Viewpoint". 8th IFAC/IFIP/IFORS/IEA *Symposium on Analysis, Design, and Evaluation of Human–Machine Systems*, Kassel, Germany, 18–20 September.

Hollnagel, E. (2006). Resilience – the challenge of the unstable. In E. Hollnagel, D. D. Woods and N. C. Leveson (Eds.), *Resilience engineering: Concepts and precepts*. Aldershot, UK: Ashgate.

Hollnagel, E. (2009a). *The ETTO principle: Efficiency-thoroughness trade-off. Why things that go right sometimes go wrong.* Farnham, UK: Ashgate.

Hollnagel, E. (2009b). The four cornerstones of resilience engineering. In C. P. Nemeth, E. Hollnagel and Dekker, S. (Eds.), *Preparation and restoration* (pp. 117–134). Aldershot, UK: Ashgate.

Hollnagel, E. (2011). Prologue: The scope of resilience engineering. In E. Hollnagel et al. (Eds). *Resilience engineering in practice. A guidebook*. Farnham, UK: Ashgate.

Hollnagel, E. (2012). *FRAM–the functional resonance analysis method: Modelling complex socio-technical systems.* Farnham, UK: Ashgate.

Hollnagel, E. (2014a). *Safety-I and Safety-II: The past and future of safety management.* Farnham, UK: Ashgate.

Hollnagel, E. (2014b). Is safety a subject for science? *Safety Science,* 67, 21–24.

Hunte, G. and Marsden, J. (2016). *Engineering resilience in an urban emergency department, Part 2.* Paper presented at the Fifth Resilient Health Care Meeting, August 15–17, Middelfart, Denmark. http://resilienthealthcare.net/meetings/denmark%202016.html.

ICAO (2006). *Safety Management Manual* (SMM) (DOC 9859 AN/460). Montreal, Canada: International Civil Aviation Organization.

International Atomic Energy Agency (IAEA). (2016). *Performing safety culture self-assessments.* Wien, Austria: International Atomic Energy Agency.

International Nuclear Safety Advisory Group (INSAG). (1991). *Safety culture.* Wien, Austria: International Atomic Energy Agency.

Kaplan, R. S. and Norton, D. P. (1992). The balanced scorecard – measures that drive performance. *Harvard Business Review, January–February,* 71–79.

Keesing, R. M. (1974). Theories of culture. *Annual Review of Anthropology, 3*, 73–97.

Kletz, T. (1994). *Learning from accidents.* London: Butterworth-Heinemann.

Ljungberg, D. and Lundh, V. (2013). *Resilience Engineering within ATM-development, adaption, and application of the Resilience Analysis Grid (RAG)* (LiU-ITN-TEK-G—013/080—SE). Linköping, Sweden: University of Linkoping.

March, J. G. (1991). Exploration and exploitation in organizational learning. *Organization Science*, *2*(1), 71-87.

Maslow, A. H. (1943). A theory of human motivation. *Psychological Review*, *50*, 370-396.

Maslow, A. H. (1965). *Eupsychian management.* Homewood, IL: Richard D. Irwin/The Dorsey Press.

McGregor, D. (1960). *The human side of enterprise.* New York: McGraw-Hill.

Miller, J. G. (1960). Information input overload and psycho-pathology. *American Journal of Psychiatry, 116,* 695-704.

Miller, G. A., Galanter, E. and Pribram, K. H. (1960). *Plans and the structure of behavior.* New York: Holt, Rinehart & Winston.

Moon, S. et al. (2015). Will Ebola change the game? Ten essential reforms before the next pandemic. The report of the Harvard-LSHTM Independent Panel on the Global Response to Ebola. *The Lancet, 386*(10009), 2204-2221.

Parker, D., Lawrie, M. and Hudson, P. (2006). A framework for understanding the development of organisational safety culture. *Safety Science, 44,* 551-562.

Perrow, C. (1984). *Normal accidents.* New York: Basic Books.

Pringle, J. W. S. (1951). On the parallel between learning and evolution. *Behaviour, 3,* 175-215.

Prochaska, J. O. and DiClemente, C. C. (1983). Stages and processes of self-change of smoking: Toward an integrative model of change. *Journal of Consulting and Clinical Psychology, 51*(3), 390–395.

Rasmussen, J. and Svedung, I. (2000). *Proactive risk management in a dynamic society.* Karlstad, Sweden: Swedish Rescue Services Agency.

Reason, J. T. (1990). The contribution of latent human failures to the breakdown of complex systems. *Philosophical Transactions of the Royal Society (London), Series B.* 327, 475–484.

Reason, J. T. (1998). Achieving a safe culture: theory and practice. *Work & Stress, 12*(3), 293–306.

Reason, J. T. (2000). Safety paradoxes and safety culture. *Injury Control & Safety Promotion, 7*(1), 3–14.

Rigaud, E. et al. (2013). Proposition of an organisational resilience assessment framework dedicated to railway traffic management. In N. Dadashi et al. (Eds.), *Rail human factors: Supporting reliability, safety and cost reduction.* London: Taylor & Francis.

Schein, E. H. (1990). Organisational culture. *American Psychologist, 45*(2), 109–119.

Shewhart, W. A. (1931). *Economic control of quality on manufactured product.* New York: D. Van Nostrand Company.

Taylor, F. W. (1911). *The principles of scientific management.* New York: Harper.

Tredgold, T. (1818). On the transverse strength of timber. *Philosophical Magazine: A Journal of Theoretical, Experimental and Applied Science,* Chapter XXXXVII. London: Taylor and Francis.

Tuchman, B. W. (1985). *The march of folly: From Troy to Vietnam.* New York: Ballantine Books.

VMIA (2010). *Reducing harm in blood transfusion. Investigating the Human Factors behind 'Wrong Blood in Tube'* (WBIT). Melbourne, Australia: Victoria Managed Insurance Authority.

Weick, K. E. (1987). Organizational culture as a source of high reliability. *California Management Review, 29*(2), 112–128.

Weinberg, G. M. and Weinberg, D. (1979). *On the design of stable systems.* New York: Wiley.

Westrum, R. (1993). Cultures with requisite imagination. In J. A. Wise, V. D. Hopkin and P. Stager (Eds.), *Verification ad validation of complex systems: Human factors issues*(pp. 401–416). Berlin: Springer Verlag.

Westrum, R. (2006). A typology of resilience situations. In E. Hollnagel, D. D. Woods and N. Leveson (Eds.) *Resilience engineering. Concepts and precepts.* Ashgate: Aldershot, UK.

Wiener, N. (1954). *The human use of human beings*. Boston, MA: Houghton Mifflin Co.

Woods, D. D. (2000). *Designing for resilience in the face of change and surprise: Creating safety under pressure*. Plenary Talk, Design for Safety Workshop, NASA Ames Research Center, October 10.

용어 해설

인과관계 신조 – Causality credo

안전–I의 전통에서, 사고가 어떻게 발생하는지에 대한 설명은 결과가 그 이전의 원인으로부터 이어지는 영향으로 이해될 수 있다는 암묵적인 가정을 공유하고 있다. 그것은 인과관계 법칙의 신념–또는 심지어 믿음–에 해당하기 때문에, 인과관계 신조라고 할 수 있다. 인과관계에 따른 추론은 다음의 단계를 거친다 : (1) 무엇인가 잘못되었기 때문에 부정적인 결과가 발생한다; (2) 충분한 증거가 수집된다면 원인을 찾아내어 제거하거나, 요약하거나 또는 무효화시킬 수 있다; (3) 모든 부정적 결과에는 원인이 있기 때문에, 또한 모든 원인은 발견하고 처리할 수 있기 때문에 모든 사고는 예방할 수 있다. 따라서 무사고 비전은 인과관계 신조의 논리적 결과이다.

복잡성 – Complexity

'복잡성'이라는 용어는, 단독으로 사용되거나 '복잡한 적응시스템'과 같이 형용사로 사용되는 획일적인 설명(용어해설 참조)의 한 예이다. 우리가 관리해야 하는 시스템과 기능을 수행하는 조직에 대해 완벽한 지식을 갖는 것은 대부분의 경우 불가능하다. 이것은 시스템과 조직이 복잡하다는 것을 지적함으로써 설명된다. 그러나 복잡성은 인간이 이해하지 못하는 것(현상 또는 목표 시스템)만큼이나, 그 사실에 의한 시스템의 품질이나 특성에 대해서도 그렇다는 것을 나타낸다. 그러므로 복잡성이 인식론적이기보다는 존재론적이라고 주장하는 것은 부적절하다.

문화 – Culture

문화란, 때로는 명쾌하지만 일반적으로 묵시적인, 한 그룹의 사람들 사이에서, 때로는 작지만 평상시는 매우 큰, 일반적인 그리고 특정 조건 하에서 어떻게 행동해야 하고 무엇을 해야 하는지에 대한 공동의 합의(Agreement)를 나타낸다. 그렇기 때문에 이것이 유일한 것은 아니지만, 개인적이고 집단적인 행동 모두에 있어서 중요한 결정요인이다. 문화는 예를 들어, 안전문화, 공정문화, 보고문화와 같이 명시되지 않은 접미사로 사용되는 경우가 많다.

다른 원인들의 가설 – Hypothesis of different causes

다른 원인들에 대한 가설에 따르면, 잘못되는 일(사고, 사건)의 원인은 잘된 일의 원인(받아들일 수 있는 결과)과 다르다. 그렇지 않다면–잘못된 일의 원인을 제거하는–'발견하고 개선하기' 해결책은 잘된 일의 원인에도 영향을 미친다. 비록 가설이 명확히 언급하는 경우는 드물지만, 이는 안전–I의 본질적 부분이다.

필수다양성의 법칙 – Law of Requisite Variety

인공두뇌학(Cybernetics)–"동물과 기계에서의 제어와 의사소통" 과학–의 일부인 이 법칙은 시스템으로부터 소수 다양성의 결과를 충분히 보장하기 위한 상태로, 그 시스템의 규제자도 그만큼 의 다양성을 지녀야 한다. 간단히 말해, 경영진이나 리더가 상상할 수 있는(준비하고 있는) 것보다 더 많은 일이 조직에서 발생하면, 조직을 효율적으로 관리할 수 없게 된다.

획일적 설명 – Monolithic explanations

불명확하고 동적인 상황의 설명 또는 묘사는, 종종 하나의 개념 또는 요인을 이용하여 여러 가지 문제를 '해결'한다. 이러한 다–대–일(Many–to–one) 해결책은 분명히 설명하기 쉽고 다른 사람들과 의사소통하기 쉽기 때문에 매력적이다. 이러한 설명은 단일 개념에 의존하기 때문에 획일적이라고 할 수 있으며 심리적으로는 만족스럽지만, 실질적 가치는 제한적이다. 획일적 설명은 사회적 관습을 나타내므로 본질적으로 사회적 산물이다.

레질리언스 – Resilience

예상되거나 예상치 못한 상황(변화/방해/기회) 하에서 필요한 기능을 할 수 있다면 시스템의 수행능력은 레질리언트하다. 레질리언트한 수행능력을 위해 조직은 레질리언스 역량이 요구되고 이 역량들이 지속적으로 개발, 유지, 개선되어야 한다. 레질리언스는 레질리언스 역량의 표현이기 때문에, 조직이 보유하고 있는 것이라기보다 조직이 무엇인가 하는 것을 나타낸다.

안전 – Safety

안전은 일반적으로 어떤 것으로부터 부재 또는 자유, 받아들일 수 없거나 부정적 결과가 없는 것으로 정의된다. 이것은 안전이 존재하기보다 존재하지 않는 상황이나 조건에 의해 정의된다는 역설적인 상태로 이어진다.

안전 Ⅰ – Safety Ⅰ

안전 I은 받아들일 수 없는 결과의 수(사고/사건/사고위기)가 가능한 한 적은 상태이다. 그러므로 안전의 부재(사고, 사건, 위험)로 정의된다.

안전 Ⅱ – Safety Ⅱ

안전 Ⅱ는 받아들일 수 있는 결과의 수(일상의 일)가 가능한 한 많은 상태를 말한다. 따라서 안전–Ⅱ는 안전의 존재로–융합(용어해설 참조)으로–정의된다.

안전문화 – Safety culture

안전문화란 문화가 불특정 접미사로 사용되는 획일적인 설명(용어해설 참조)의 한 예이다. 안전문화의 표준 정의로써 "최우선의 가치로, 원자력 시설의 안전이 그 심각성에 근거하여 관심을 받는 관련 조직과 개인의 특성 및 태도의 집합체"라는 의미는 더욱 자기 지시적이므로 '안전'에 대해 상호 합의가 되지 않는 한 무의미하다.

융합 – Synesis

의도된 결과를 효과적으로 이끌어내기 위해 여러 활동이 잘 맞는 상태. 현장에서 일련의 관련기준(안전, 품질, 생산성 등)에 따라 의도한 대로 활동을 수행하는데 필요한 상호 의존적인 기능의 집합

시스템 – System

일반적으로 시스템은 구조적 측면에서 "대상물 간 및 그 속성 간의 관계와 함께 하는 대상물의 집합체"로 정의된다. 또한 시스템은 특정 수행력을 제공하기 위해 필요한 결합된 기능의 집합체로 정의될 수도 있다. 조직은 두 가지 의미에 모두 해당하는 시스템이지만, 기능적 정의는 구조적 정의보다 더 흥미롭고 유용하다.

다루기 쉬운 – Tractable

기능의 원리가 알려지거나, 설명이 간단하고 세부사항이 적고, 가장 중요하게는, 서술하는 시간동안 변하지 않는다면, 시스템은 다루기 쉽다.

다루기 힘든 – Intractable

기능의 원리가 부분적으로만 알려져 있거나(또는, 극단적인 경우, 완전히 알려지지 않은 경우), 설명이 많은 세부사항으로 정교하거나 또는 시스템이 불안정하거나 급속도로 발전하여 설명이 만들어지는 속도보다 더 빨리 변화하는 경우, 다루기 힘든 시스템이라고 한다.

명확한 – Trivial

시스템이든 개발이든, 어떤 일이 일어날지 분명하다면 명확하다고 한다. 명확한 시스템은 무엇보다도 더 예측 가능하다. 예측 가능성이란 시스템이 독립적으로 예견할 수 있을 때 개발하거나 변화하는 것을 말한다. 또한 예측 가능성은 변화와 개입(입력사항 관리)에 대한 시스템의 반응을 예측할 수 있음을 의미한다. 단기간에 높은 확실성으로 예측하는 것과, 확실성은 떨어지지만 장기간에 걸친, 받아들일 수 있을 만한 확실성으로 예측하는 것, 두 경우 모두 예측은 할 수 있다. 두 번째 경우의 예측 가능성은 시스템을 제어하기 위해 필요하다(필수다양성의 법칙 참조).

불명확한 – Non – trivial

불명확한 시스템은 부분적이며 단순화할 수 없이 예측 불가능하다. 이는 시스템이 어떻게 발전할지 불확실하다는 것을 의미하며, 독자적으로 남아 있다 하더라도 변화와 개입에 어떤 반응을 보일지 불확실하다. 예측 가능성의 부족은 시스템과 그 기능에 대해 불완전하거나 불충분한 지식으로 인한 것이다.

안전시스템의 과거와 미래
융합의 길-SYNESIS

Safety-II in practice (Developing the Resilience Potentials)

인쇄·발행 | 2019년 1월 8일 제1판 1쇄 인쇄
2019년 1월 15일 제1판 1쇄 발행

지은이 | Erik Hollnagel

옮긴이 | 홍 성 현

발행인 | 문 형 진

발행처 | 세 진 사

㊌ 02859 서울특별시 성북구 보문로 38 세진빌딩
TEL. 02)922-6371~3, 923-3422 / FAX. 02)927-2462
Homepage : www.sejinbook.com
등록. 1976. 9. 21 / 서울 제307-2009-22호

값 15,000원

ISBN 979-11-6045-297-6